普通高等教育"十一五"国家级规划教材

系统安全评价与预测

(第2版)

陈宝智　编著

北　京

冶金工业出版社

2022

内 容 提 要

本书在介绍系统安全的基本理论、原则和观点的基础上,从两类危险源的概念出发,重点介绍了系统安全评价与预测的理论、原则和方法,以及反映该领域新进展的内容,如重大危险源辨识和评价、防护层分析和机能安全评价等。全书共7章,包括总论,伤亡事故统计及其预测,第一类危险源辨识、控制与评价,系统可靠性分析,系统安全分析,故障树分析以及系统安全评价。各章均附有思考题或练习题。

本书除可作为高等学校教材外,还可供相关专业的科研人员、工程技术人员及管理人员参考或职业技术培训之用。

图书在版编目(CIP)数据

系统安全评价与预测/陈宝智编著. —2 版. —北京:冶金工业出版社,2011.2(2022.1 重印)

普通高等教育"十一五"国家级规划教材

ISBN 978-7-5024-5480-7

Ⅰ.①系… Ⅱ.①陈… Ⅲ.①系统工程—安全工程—高等学校—教材 Ⅳ.①X913.4

中国版本图书馆 CIP 数据核字(2011)第 006235 号

系统安全评价与预测(第 2 版)

出版发行 冶金工业出版社		**电 话** (010)64027926	
地 址 北京市东城区嵩祝院北巷 39 号		**邮 编** 100009	
网 址 www.mip1953.com		**电子信箱** service@ mip1953.com	

责任编辑 郭冬艳 马文欢 **美术编辑** 彭子赫 **版式设计** 孙跃红

责任校对 卿文春 **责任印制** 禹 蕊

北京建宏印刷有限公司印刷

2005 年 10 月第 1 版,2011 年 2 月第 2 版,2022 年 1 月第 5 次印刷

787mm×1092mm 1/16;11.25 印张;299 千字;168 页

定价 **26.00** 元

投稿电话 (010)64027932 **投稿信箱** tougao@cnmip.com.cn

营销中心电话 (010)64044283

冶金工业出版社天猫旗舰店 yjgycbs.tmall.com

(本书如有印装质量问题,本社营销中心负责退换)

第 2 版前言

本书是根据普通高等教育"十一五"国家级规划教材出版计划,根据最新"系统安全评价与预测"课程教学大纲的要求,在普通高等教育"十五"国家级规划教材《系统安全评价与预测》的基础上,修订编写而成的。

本书第 1 版出版以来的几年里,我国转变经济发展方式,调整产业结构,进一步把经济发展建立在安全生产有可靠保障的基础上,安全生产形势发生了很大变化。建设本质安全型企业、实现本质安全逐渐成为人们的共识。国家相继制定和实施了一系列贯彻落实《中华人民共和国安全生产法》的政策、法规、技术标准。广泛开展的劳动安全卫生预评价、验收评价以及各种专项安全评价,推动了系统安全评价与预测的研究和实际应用。特别是,近年来在我国,重大危险源控制问题受到了空前的重视,国家颁布了新的重大危险源辨识的国家标准《危险化学品重大危险源辨识》(GB 18218—2009),取代原有的《重大危险源辨识》(GB 18218—2000),使之更适合中国的国情;政府和企业建立并不断完善针对重大工业事故的事故应急救援体系,制定事故应急救援预案。在编制事故应急救援预案时和实施事故应急救援过程中,往往需要定量地预测重大工业事故的影响范围和可能的人员伤亡、财产损失和环境污染情况,相应地,重大工业事故后果分析被越来越广泛地用于安全工程实践。

系统安全评价与预测在安全工程实践中不断发展,新理论、新方法不断涌现。经过几十年的发展,作为系统安全工程重要内容的危险源控制技术日臻成熟,本质安全设计、防护层和安全相关系统的功能安全等安全技术理念和原则被越来越多地应用于系统安全工程实践,形成了危险源控制的安全技术体系。系统安全评价包括对危险源的危险性的评价和对危险源控制措施效果的评价。相应地,系统安全评价又增加了本质安全评价、防护层分析和安全相关系统功能安全评价等危险源控制措施效果评价方面的新内容。系统安全评价与预测技术本身也有了新发展,在原来的定性危险性评价和概率危险性评价的基础上,定性评价与定量评价相结合的半定量危险性评价成为系统安全评价技术的新趋势。

　　安全工程实践有了新需求，系统安全评价与预测理论和方法有了新发展。根据最新"系统安全评价与预测"课程教学大纲，在第 1 版介绍系统安全评价与预测基本理论、原则和方法的基础上，本书增加了重大工业事故后果分析定量计算的主要数学模型，以及本质安全设计、防护层分析和安全相关系统的功能安全评价等危险源控制措施效果评价等方面的内容，并采用了最新的政策规定和技术标准。

　　本书吸取了东北大学安全工程专业教师们多年来在讲授该课程中积累的宝贵经验；张培红教授，毛宁、林秀丽、苑春苗、郭尹亮等诸位博士参与了本书编写并根据教学过程中发现的问题提出了修改意见，使本书更臻完善。本书参考、引用了大量国内外文献资料。在此向诸位老师们、文献作者们表示诚挚的谢意。

作　者
2010 年 12 月

第1版前言

"系统安全评价与预测"是安全工程专业的主要专业课程之一。本书在介绍系统安全的基本理论、原则和观点的基础上，重点介绍了系统安全评价与预测的理论、原则和方法。

系统安全是为了解决大规模复杂系统安全性问题而产生的理论、原则和方法体系，与以往的安全工程理论相比，在安全观念和方法论方面有许多创新，丰富和发展了安全工程的理论和方法。例如，它认为系统中存在着的危险源是事故发生的原因，人类的任何活动都存在着潜在的危险，安全只是一个相对的、主观的概念，所谓的安全是一种可以被人们接受的危险；它的一个基本原则，是从一个新系统构思、可行性研究阶段开始，直到系统报废为止的整个系统寿命期间内，都要辨识危险源、预测系统事故并采取相应措施控制危险源，评价其危险性是否在可接受的范围内。于是，事故预测与系统安全评价就成为系统安全工程的重要内容。事故预测与系统安全评价紧密地联系在一起，相辅相成。根据系统内存在危险源的情况预测可能发生的事故；通过对系统内危险源的危险性评价以及对危险源控制措施的评价，定量地预测事故发生的可能性，以及一旦发生事故时其后果的严重程度。

随着系统安全评价与预测的理论在实践中不断发展，新理论、新方法不断涌现，课程知识体系有了较大的变化，原有的教材内容已经不能适应教学的要求。为了适应新的教学要求，及时反映本学科的最新科研成果，满足工程领域的需求，笔者根据新的"系统安全评价与预测"课程教学大纲和工程实际应用的需要，在系统总结多年来的教学经验和科研成果的基础上，编写了本书。

编写过程中，在将系统安全评价和预测基本知识加以系统化的同时，增加了一些反映该领域新进展的内容，如两类危险源的概念，重大事故危险源的辨识和评价等。系统安全预测与评价具有很强的实践性，它产生于安全工程实践，并在实践中不断发展。本书在介绍理论、原则和方法的同时，注意了可操作性的问题。书中除了引用一些典型例子之外，每章还附有一些练习题和思考题，以帮助学生学习运用这些理论、原则和方法。

　　本书汲取了东北大学安全工程专业教师们二十多年来在讲授该课程中积累的宝贵经验，参考、引用了大量的国内外文献。张培红、李刚、钟茂华、肖国清等博士参与了本书的编写，并根据教学过程中发现的问题提出了修改意见，使得内容更臻完善。在此谨向诸位同事、文献作者表示诚挚的谢意。

　　由于本人学识所限，书中有不当之处，敬请读者批评指正。

作　者

2005 年 6 月

目　　录

1 总　　论

1.1　系统安全评价与预测概述

我们生活在一个充满"危险"的现实世界中。安全工程领域涉及的危险，主要是人们在生产活动和生活活动中意外发生的各种事故造成的人员伤亡、财产损失或环境污染的危险。面对这些危险，人们做出种种努力回避危险而追求安全。相应地，安全工作的根本目的就是防止事故和事故造成的人员伤亡、财产损失或环境污染。

为了防止事故，需要预测事故；只有预测了事故，才能有针对性地采取措施防止事故发生。

人们希望充分利用已有的科学技术知识认识事故发生规律，在事故发生前预测事故的发生和事故可能造成的后果，从而先行采取措施防止事故发生，或者在一旦发生事故的场合最大限度地避免、减少人员伤亡、财产损失或环境污染。

很久以来，人们在事故预防方面，基本上是"从事故学习事故"，即分析、研究以往事故发生的原因和总结防止事故的经验，来得到预测这些种类事故再发生的知识，指导事故预防工作。例如，根据人员操作机器时曾经发生机械伤害事故的经验，人们可以预测机械工厂里发生机械伤害事故的可能性。在民用航空领域，曾经采用了"飞行—修改—飞行（fly—fix—fly）"模式，根据发生的事故经验修改设计，防止由于同样的原因再引起事故。

这种"从事故学习事故"的方式在一定程度上是科学的、必要的，在今后的事故预防工作中仍然要继续采取这种方法。然而，事故是一种随机发生的小概率事件，依靠事故后留下的有限信息来分析、研究其发生原因是一件非常困难的工作。这种根据"从事故学习事故"的方式进行的预测只能是定性的，即对未来事故发生可能性的预测。

随着科学技术的迅速进步，新材料、新能源、新技术、新工艺、新产品不断涌现，新种类的事故发生的可能性和事故后果的严重程度也在增加。事故的经验往往是人们用鲜血和生命换来的，其代价是非常昂贵的。人们不能等到发生事故、造成严重人员伤亡及财产损失或环境污染之后才来总结经验，研究预防事故的办法。

事故会造成损失，预防事故也需要成本，安全也有投入和产出的问题。为了科学、经济合理地预防事故，人们已经不满足于对事故发生可能性的定性预测，还希望能够定量地预测事故的发生及其后果，评价系统的安全状况是否符合人们期望的标准。这就需要新的事故预测和安全评价的理论和方法。

20世纪60年代出现的系统安全工程为我们提供了系统的、定量的事故预测和安全评价的理论和方法。在系统安全工程中，事故预测与系统安全评价紧密地联系在一起，相辅相成：根据系统内存在危险源的情况预测可能发生的事故；通过对系统内危险源的危险性评价，以及对危险源控制措施的评价，定量地预测事故发生可能性以及一旦发生事故时其后果的严重程度。

1.1.1　系统安全评价与预测的产生

系统安全评价与预测是系统安全工程的基本内容之一，与系统安全工程同时产生和发展。

20 世纪 50 年代以后，科学技术进步的一个显著特征是设备、工艺和产品越来越复杂。战略武器研制、宇宙开发和核电站建设等使得作为现代先进科学技术标志的大规模复杂系统相继问世。这些复杂的系统往往由数以千万计的元件、部件组成，元件、部件之间以非常复杂的关系相连接；在它们被研制及使用的过程中常常涉及高能量。系统中的微小差错就会引起大量能量的意外释放，导致灾难性的事故，"蝼蚁之穴"可毁千里长堤。这些大规模复杂系统的安全性问题受到了人们的关注。

在开发研制、使用和维护这些大规模复杂系统的过程中，逐渐萌发了系统安全的基本思想。作为一种现代安全工程理论和方法体系的系统安全，起源于 20 世纪 50 ~ 60 年代美国研制 Atlas 和 Titan 洲际导弹的过程中。

20 世纪 50 ~ 60 年代，导弹推进剂是由气体加压到 41.2MPa，温度低达 – 196℃ 的低温液体。这种推进剂的化学性质非常活泼且有剧毒，其毒性远远超过战争中使用的毒气，其破坏性比烈性炸药更猛烈，其腐蚀性超过工业生产中使用的腐蚀性化学物质。负责该研制项目的美国空军官员们开始并没有认识到他们着手建造的导弹系统潜伏着巨大的危险性。在洲际导弹试验的头一年半里就发生了四次爆炸，造成了惨重的损失。在此之前，美国空军曾发生许多飞行事故。一般地，空军官员们都把事故的原因归于飞行员的操作失误。但是由于导弹上没有飞行员，爆炸完全是由于导弹自身的问题造成的，而不能再把导弹爆炸的责任推到驾驶员身上。很明显，分析爆炸原因应该追究导弹投入试验之前的构思、设计、制造和维护等方面的问题。以此为契机，美国开始了系统安全方面的研究。

此前，没有可以用来解决这些复杂系统的安全性的方法。为此，人们做了许多工作来开发防止系统发生事故的方法。新方法被一个一个地开发出来了，新概念逐渐产生了；安全工程原有的概念和方法中正确的部分被保留和改进了，其他领域许多有用的科学技术和工作方法被吸收进来，形成了系统安全的理论、原则和方法体系。其中，系统安全工程则是实现系统安全的手段。

系统安全工程首先在美国空军内应用之后，又被推广到美国陆军和海军。1969 年美国国防部颁发《系统安全大纲要求》，即 MIL-STD-882 标准，详细规定了武器系统开发研究、生产制造和使用、维护的系统安全标准。1984 年颁发了修订版 MIL-STD-882B，1993 年和 2000 年又相继颁布了 MIL-STD-882C 和 MIL-STD-882D。该标准对系统安全的实施和要求做了全面的规定，建立了系统安全的完整概念，给出了系统安全分析、设计、评价的基本原则、内容及要求，提出了定性的系统安全评价方法，是系统安全产生和发展的一个重要标志。

在这一阶段，人们研究开发了许多以系统可靠性分析为基础的系统安全分析方法，可以定性或定量地预测系统故障或事故。

此后，系统安全工程进入航空航天及核工业等领域，系统安全评价与预测进入了一个新的发展阶段。

1.1.2　概率危险性评价

自工业革命以来，长期困扰工业界的一个问题是"How safe is safe enough"，系统安全工程的概率危险性评价使得这个问题的定量解决成为可能。

在核电站系统安全工程的研究和应用方面，美国麻省理工学院的拉氏姆逊（N. C. Rasmussen）教授从 1972 年起，由美国原子能委员会出资 300 万美元，花费 50 人·年的工作量，完成了萨里（Sarrey）核电站和桃花谷（Peach bottom）核电站的概率危险性评价。该研究在没有核电站事故先例的情况下预测了核电站事故，应用事件树分析和故障树分析等系统安全分析方法建立了核反应堆事故模型，并输入各种故障率数据进行了概率危险性评价。1975年美国原子能委员会发表了题为《美国商用核电站事故危险性评价》的安全研究报告，即WASH 1400（NUREG 701014）。

拉氏姆逊的研究报告曾在美国国内引起核电站支持者和反对者之间的激烈争论。但是，不久后发生的三哩岛核电站事故证明，该研究采用的系统安全分析方法和概率危险性评价方法是正确的。美国原子能委员会于1980年发表了《核电站安全目标》，于1981年出版了《概率危险性评价指南》。之后，系统安全工程以及概率危险性评价受到世界各国的重视。

继核工业领域应用之后，概率危险性评价被成功地应用于化学工业和石油化学工业领域。1976～1978年间，英国原子能机构就坎维岛（Can Vey）化学和石油化学工业安全性问题进行了概率危险性评价。此次评价由于是概率危险性评价在非核领域的首次应用，引起了科技界人士的极大兴趣，也受到工业界一些人士的怀疑。1981年，英国健康与安全委员会（HSE）进行了复评，肯定了评价结果，认为概率危险性评价是一种有效的决策辅助工具。

目前，航空航天以及海上石油等领域已经广泛地应用概率危险性评价。

1.1.3 重大工业事故预防

随着化学工业、石油化学工业的发展，大量易燃易爆、有毒有害的物质相继问世。它们作为工业生产的产品或原料在被生产、加工处理、储存运输过程中一旦发生事故，其后果非常严重。特别是20世纪70年代以后，世界范围内发生了许多震惊世界的重大火灾、爆炸、有毒有害物质泄漏事故。这些事故的共同特点是，事故造成的人员伤亡、物质损失、环境污染非常严重，其影响范围往往超出工厂的围墙，威胁公众安全，甚至威胁邻国居民安全。因此，防止重大工业事故问题受到世界各国的广泛关注。

可能引起重大工业事故的危险源被称为重大危险源，一些欧洲国家较早地提出了重大危险源控制的问题。

1974年，英国的弗利克斯保罗（Flixborough）工厂发生了环己烷蒸气云爆炸事故，使28人丧生、89人受伤、2450幢房屋损坏，直接经济损失达700万美元。以此次事故为契机，英国健康与安全委员会（HSE）建立了重大危险源咨询委员会，进行重大危险源控制和立法方面的咨询。

1976年，意大利的塞维索（Seveso）工厂和曼福莱多尼亚（Manfredonia）工厂发生大量毒物泄漏事故。塞韦索工厂的环己烷泄漏使30人受伤、22万人疏散。面对频繁发生的重大工业事故，原欧共体于1982年颁布了《关于工业活动中重大事故危险源的指令》，简称《塞韦索指令》，要求各加盟国、行政监督部门和企业等承担重大工业事故控制方面的责任和义务。例如，要求企业必须提出安全报告，让企业自己了解自身的危险性。最初，该指令把重点放在掌握化工企业危险物质的储存量和识别设备、工艺异常上，后来扩展到核电站安全、环境污染控制等方面问题。1996年欧盟颁布了新版的《Seveso指令Ⅱ》。

世界其他地区也相继发生了一些重大工业事故。例如，1984年墨西哥城发生石油液化气爆炸事故，使650人丧生、数千人受伤；1984年印度的博帕尔农药厂发生甲基异氰酸盐泄漏，导致2000人死亡、2万人受伤。我国曾发生了黄岛油库火灾、南京炼油厂火灾和吉林双苯厂爆炸等重大工业事故。

1988年国际劳工局（ILO）颁发了《重大工业事故控制指南》，指导各国的重大危险源控制工作。

到1991年，原欧共体各加盟国都已经把塞韦索指令移植到国内法律中。例如，英国首先

4

颁布了《重大工业事故防止法》，要求企业提出包括定量分析在内的内部报告和外部报告；意大利规定，如果安全报告有不实之处，企业负责人将被处以包括监禁在内的重罚。

1993 年国际劳工局通过了《预防重大工业事故公约》。该公约要求各成员国必须采取措施控制重大危险源。

在重大工业事故危险源控制实践中，系统安全评价与预测又有了许多新发展。例如，适用于化工生产那样工艺过程危险源辨识的危险性与可操作性研究，适用于重大危险源评价的火灾爆炸指数法、事故后果分析等。

系统安全工程作为现代安全工程的标志，越来越广泛地应用于安全工程的各个领域，并在实践中不断发展、完善。

1.1.4 中国的系统安全评价与预测

中国自 20 世纪 70 年代末、80 年代初开始了系统安全评价与预测的研究和应用，并将其与工业安全的理论、方法紧密结合，使得原本为解决大规模复杂系统安全性问题的系统安全工程迅速在工业安全领域推广和普及。

改革开放以来，国家十分重视安全工作，在贯彻"安全第一，预防为主"安全生产方针、加强安全管理的同时，注重采用先进安全科学技术，"安全是科学"逐渐深入人心。改革开放政策也为学习国外先进安全科学技术打开了方便之门，国内一些院校、研究所开始介绍、研究系统安全工程，并把系统安全工程用于一般工业安全领域。

最初的研究主要集中在作为危险源辨识方法的各种系统安全分析方法方面，预测可能发生的事故，应用故障树分析、事件树分析等方法分析事故发生原因，进行定性的安全评价，指导事故预防工作。一些行业、部门、地区有组织地推广，使得系统安全分析方法迅速普及。许多企业的安全专业人员都能够应用故障树分析等方法进行事故原因分析。一些企业，如鞍山钢铁公司等，结合中国企业安全工作的实际情况，开展了群众性的危险源辨识、评价和控制工作。

20 世纪 80 年代中期，一些行业，如机械、化工等行业，开展了群众性的安全评价工作，其中包含了系统安全性评价；一些化工、石化、医药企业应用火灾爆炸指数法进行了系统安全评价；核工业、海上石油等工业领域开展了概率危险性评价。

我国群众性的系统安全工程实践推动了系统安全工程研究的不断深入，使故障树分析与合成，危险源辨识、评价理论和方法等方面的研究取得很大进展。特别是，在国家"八五"计划期间，国内进行了题为"重大危险源宏观控制技术研究"的科技攻关，开始了重大事故后果分析以及针对重大危险源的系统安全评价与预测，推动了我国的重大危险源辨识、评价和控制研究工作。2002 年颁布的《中华人民共和国安全生产法》，对控制重大危险源做了明确规定。

目前，系统安全评价与预测在我国核工业、航空航天、海上石油、矿业、冶金、化工、机械、电力、建筑等各工业领域都得到了广泛应用。

我国正在企业中推广建立职业健康管理体系工作，现代职业健康管理体系的核心就是危险源辨识、评价和控制。

近年来，根据政府法令的要求，我国广泛开展了建设项目的劳动安全预评价、验收评价，以及各种专项安全评价，如危险化学品专项安全评价、矿山专项安全评价等，使系统安全评价走上了法制的轨道。

1.2 系统安全与系统安全工程

1.2.1 系统的基本概念

系统是由相互作用、相互依存的若干元素组成的具有特定功能的有机整体。

一部机器是由若干零部件组成的可以实现一定生产目的的有机整体，可以被看做是一个系统。由机器、工具、材料和人员组成的生产作业单元可以被看做是一个系统。由若干生产作业单元组成的班组，由若干班组组成的车间，由若干车间组成的工厂也可以分别被看做系统。

系统的基本特征是具有整体性、层次性、目的性和适应性等。

（1）整体性。系统是由若干不同元素组成的、具有特定功能的有机整体。系统的功能不是各元素功能的简单叠加，而是由元素之间相互作用产生的一种新的整体功能。元素在系统中的作用是由系统整体规定的，为实现系统的整体功能服务的。元素一旦离开了系统就失去了它在系统中的作用，也就不再是系统的元素了。

（2）层次性。一个系统是一个有机的整体，具有一定的功能。一个系统可以分割成若干较小的部分，这些较小的部分也是一个有机的整体，具有一定的功能，也是一个系统，它是原系统的子系统。依次，子系统又可分割成更小的子系统，一直分割到元素为止。例如，工厂可以划分为车间，车间是工厂这个系统的子系统；车间可以划分为班组，班组是车间的子系统等。由于系统具有层次性，在进行系统安全分析时可以把系统分割为若干子系统再分析。

（3）目的性。系统具有特定的功能和特定的目的，为了实现其特定的目的而把元素组织起来形成系统。

（4）适应性。任何系统都存在于一定的环境之中，与环境间进行能量、物质和信息的交换。系统的适应性是指系统通过自我调节适应环境变化的性质。

研究系统需要利用系统论方法。系统论方法的显著特征是强调整体性、综合性和最优化。

（1）整体性。系统是具有特定功能的有机整体，系统的构成应该保证其整体功能的发挥，实现系统的整体目标，各个子系统、元素都应该为系统的整体目标服务，服从整体目标。

（2）综合性。从系统元素、系统构造、元素间联结方式等多方面进行综合研究。

（3）最优化。根据需要和可能，定量地确定系统性能的最优目标，然后动态地协调系统与子系统、元素间的关系，使子系统、元素的性能和目标服从系统的最优目标，实现系统的最优。

1.2.2 系统安全的定义

系统安全是人们为解决复杂系统的安全性问题而开发、研究出来的安全理论、原则、方法体系。所谓系统安全，是在系统寿命期间内应用系统安全工程和管理方法，辨识系统中的危险源，并采取控制措施使其危险性最小，从而使系统在规定的性能、时间和成本范围内达到最佳的安全程度。

系统安全主张在系统的早期阶段预测、控制危险源。系统安全的一个基本原则是安全工作贯穿于系统的整个寿命期间，即早在一个新系统的构思阶段就必须考虑其安全性问题，制定并开始执行安全工作规划，进行系统安全工作，并把系统安全工作贯穿于整个系统寿命期间，直到系统报废为止。

该项原则充分体现了系统安全的重要特征：安全工作不仅仅是在系统运行阶段进行，而是贯穿于整个系统寿命期间。也就是说，在新系统的构思、可行性论证、设计、建造、试运转、运转、维修直到废弃的各个阶段都要辨识、评价、控制系统中的危险源。特别是在新系统的构思、可行性论证和设计阶段进行的系统安全工作，包括预测新系统中可能出现的危险源及其危害，通过良好的工程设计消除或控制它们，更能体现预防为主的安全工作方针。

从安全科学理论的角度，系统安全包含许多创新的安全观念。

（1）没有绝对安全。长时间以来，人们一直把安全和危险看做截然不同的、相互对立的事情，认为某一事物或者安全或者危险，没有中间状态。许多词典里把安全一词解释为"没有危险的状态"；在日常安全工作中把安全理解为"不会发生事故，不会导致人员伤害或财物损失的状态"。系统安全与以往的安全观念不同，认为世界上没有绝对安全的事物，任何事物中都包含不安全的因素，具有一定的危险性，安全只是一个相对的概念。

一个工厂、一个生产过程在一段时间内可能没有发生事故，但是却不能保证永远不发生事故。事故是一种出乎人们意料之外的事件，其发生与否并不取决于人的主观愿望。"事故为零"只能是安全工作的奋斗目标，通过安全工作的艰苦努力使事故发生间隔时间尽可能延长，使事故发生率逐渐减少而趋近于零，却永远不能真正达到事故为零。平时人们说某工厂、某生产过程安全时，是把它与本厂某阶段或其他不安全的工厂、生产过程相比较而言的。"安全的"工厂、生产过程并不意味着已经杜绝了事故和事故损失，只不过相对地事故发生率较低，事故损失较少并在允许限度内而已。

既然没有绝对的安全，系统安全所追求的目标也就不是"事故为零"那样的极端理想的情况，而是达到"最佳的安全程度"，一种实际可能的、相对的安全目标。

安全是相对的，危险是绝对的。所谓安全，就是没有超过允许限度的危险，也就是发生事故、造成人员伤亡或财物损失的危险没有超过允许的限度。这里的"允许的限度"是人们用来判别安全与危险的基准。

（2）危险源是事故发生原因。系统安全认为，系统中存在的危险源（hazard）是事故发生的根本原因。按定义，危险源是可能导致事故的潜在的不安全因素。系统中不可避免地会存在着某些种类的危险源。系统安全的基本内容就是辨识系统中的危险源，采取措施消除和控制系统中的危险源，使系统安全。

危险性（risk）是指某种危险源导致事故、造成人员伤亡或财物损失的可能性。一般地，危险性包括危险源导致事故的可能性和一旦发生事故造成人员伤亡或财物损失的后果严重程度两个方面。在定量地描述危险源的危险性时，采用危险度作为指标；在概率地评价危险源的危险性时，一般认为危险度等于危险源导致事故的概率和事故后果严重度的乘积。

在控制系统中的危险源方面，道格拉斯曾经提出了有名的系统安全三命题：

1）不可能彻底消除一切危险源和危险性；

2）可以采取措施控制危险源，减少现有危险源的危险性；

3）宁可降低系统整体的危险性，而不是只彻底地消除几种选定的危险源及其危险性。

由于人的认识能力有限，有时不能完全认识系统中的危险源及其危险性；即使认识了现有的危险源，随着科学技术的发展，新技术、新工艺、新能源、新材料和新产品的出现，又会产生新的危险源。对于已经认识了的危险源，受技术、资金、劳动力等诸多因素的限制，完全根除也是办不到的。因此，系统安全的目标是努力控制危险源，把后果严重的事故的发生可能性降到最低，或者万一发生事故时，造成的人员伤亡和财产损失最少。

（3）本质安全。系统安全强调通过良好的工程设计实现本质安全（inherent safety），即系统固有的（building in）安全而不是附加的（adding to）安全。

（4）不可靠是不安全的原因。可靠性（reliability）是判断、评价系统性能的一个重要指标，表明系统在规定的条件下，在规定的时间内完成规定功能的性能。系统由于性能低下而不能完成规定的功能的现象称作故障（failure）或失效。系统的可靠性越高，发生故障的可能性越小，完成规定功能的可能性越大。当系统很容易发生故障时，则系统很不可靠。

安全性（safety）也是判断、评价系统性能的一个重要指标，它表明系统在规定的条件下，在规定的时间内不发生事故、不造成人员伤害或财物损失的情况下，完成规定功能的性能。

在许多情况下，系统不可靠会导致系统不安全。系统发生故障，不仅影响系统功能的实现，而且有时会导致事故，造成人员伤亡或财物损失。例如，飞机的发动机在发生故障时，不仅影响飞机正常飞行，而且可能使飞机失去动力而坠落，造成机毁人亡的后果。提高系统安全性的一个重要方面，应该从提高系统可靠性入手。

可靠性着眼于维持系统功能的发挥，实现系统目标；安全性着眼于防止事故发生，避免人员伤亡和财物损失。两者的着眼点不同。可靠性研究故障发生以前直到故障发生为止的系统状态；安全性则侧重于故障发生后故障对系统的影响，故障是可靠性和安全性的连接点。在防止故障发生这一点上，可靠性和安全性是一致的。许多情况下，采取提高系统可靠性的措施，既可以保证实现系统的功能，又可以提高系统的安全性。

由于系统可靠性与系统安全性之间有着密切的关联，两者的研究方法有许多相似之处，所以在系统安全性研究中广泛利用、借鉴了可靠性研究中的一些理论和方法。例如，系统可靠性分析已经成为系统安全分析的基础，系统安全分析中常用的故障类型和影响分析、事件树分析、故障树分析等方法，本来就都是系统可靠性分析的方法。

1.2.3　系统安全工程

系统安全工程（system safety engineering）运用科学和工程技术手段辨识、消除或控制系统中的危险源，实现系统安全。系统安全工程包括系统危险源辨识、危险性评价、危险源控制等基本内容。

1.2.3.1　危险源辨识

危险源辨识（hazard identification）是发现、识别系统中危险源的工作。这是一件非常重要的工作，它是危险源控制的基础，只有辨识了危险源之后才能有的放矢地考虑如何采取措施控制危险源。

以前，人们主要根据以往的事故经验进行危险源辨识工作。例如，美国的海因里希（W. H. Heinrich）建议通过与操作者交谈或到现场检查、查阅以往的事故记录等方式发现危险源。由于危险源是"潜在的"不安全因素，比较隐蔽，所以危险源辨识是件非常困难的工作。在系统比较复杂的场合，危险源辨识工作更加困难，需要利用专门的方法，还需要许多知识和经验。进行危险源辨识所必需的知识和经验主要有：

（1）关于对象系统的详细知识，诸如系统的构造、系统的性能、系统的运行条件、系统中能量、物质和信息的流动情况等；

（2）与系统设计、运行、维护等有关的知识、经验和各种标准、规范、规程等；

（3）关于对象系统中的危险源及其危害方面的知识。

危险源辨识方法可以粗略地分为两大类：

（1）对照法。对照法即通过与有关的标准、规范、规程或经验相对照来辨识危险源。有关的标准、规范、规程以及常用的安全检查表，都是在大量实践经验的基础上编制而成的。因此，对照法是一种基于经验的方法，适用于有以往经验可供借鉴的情况。

20 世纪 60 年代以后，国外开始根据标准、规范、规程和安全检查表来辨识危险源。例如，美国职业安全卫生局（OSHA）等安全机构制订、发行了各种安全检查表，用于危险源辨识。安全检查表是集合以往事故经验形成的，其优点是简单易行，其缺点是重点不突出，难免挂一漏万。对照法的最大缺点是，在没有可供参考的先例的新开发系统的场合无法应用。

对照法很少单独使用。

（2）系统安全分析。系统安全分析是从安全角度进行的系统分析，通过揭示系统中可能导致系统故障或事故的各种因素及其相互关联来辨识系统中的危险源。系统安全分析方法经常被用来辨识可能带来严重事故后果的危险源，也可用于辨识没有事故经验的系统的危险源。例如，拉氏姆逊教授在没有核电站事故先例的情况下预测了核电站事故，辨识了危险源，并被以后发生的核电站事故所证实。系统越复杂，越需要利用系统安全分析方法来辨识危险源。

1.2.3.2　危险源控制

危险源控制（hazard control）是利用工程技术和管理手段消除、控制危险源，防止危险源导致事故、造成人员伤害和财物损失的工作。

危险源控制的基本理论依据是能量意外释放论。

控制危险源主要通过技术手段来实现。危险源控制技术包括防止事故发生的安全技术和减少或避免事故损失的安全技术。前者在于约束、限制系统中的能量，防止发生意外的能量释放；后者在于避免或减轻意外释放的能量对人或物的作用。显然，在采取危险源控制措施时，我们应该着眼于前者，做到防患于未然。另一方面也应做好充分准备，一旦发生事故时防止事故扩大或引起其他事故（二次事故），把事故造成的损失限制在尽可能小的范围内。

管理也是危险源控制的重要手段。管理的基本功能是计划、组织、指挥、协调、控制。通过一系列有计划、有组织的系统安全管理活动，控制系统中人的因素、物的因素和环境因素，以有效地控制危险源。

1.2.3.3　危险性评价

系统危险性评价（system risk assessment）是对系统中危险源危险性的综合评价。危险源的危险性评价包括对危险源自身危险性的评价和对危险源控制措施效果的评价两方面的问题。

系统中危险源的存在是绝对的，任何工业生产系统中都存在着若干危险源。受实际的人力、物力等方面因素的限制，不可能完全消除或控制所有的危险源，只能集中有限的人力、物力资源消除、控制危险性较大的危险源。在危险性评价的基础上，按其危险性的大小把危险源分类排队，可以为确定采取控制措施的优先次序提供依据。

采取了危险源控制措施后进行的危险性评价，可以表明危险源控制措施的效果是否达到了预定的要求。如果采取控制措施后危险性仍然很高，则需要进一步研究对策，采取更有效的措施使危险性降低到预定的标准。危险源的危险性在很小时可以被忽略，则不必采取控制措施。

按一般意义上的理解，应该在危险源辨识的基础上进行危险源的危险性评价，根据危险源危险性评价的结果采取危险源控制措施。在实际工作中，这三项工作并非严格地按这样的程序分阶段独立进行，而是相互交叉、相互重叠进行的（见图 1-1）。

如前所述，系统中存在着大量的不安全因素，这些不安全因素按定义都可被看做危险源。实际上受人力、物力等因素的制约，只能把其中一部分危险性达到一定程度的不安全因素当作危险源来处理，忽略危险性较小的不安全因素。因此，在辨识危险源的

图 1-1　危险源辨识、控制和评价

过程中也需要进行危险性评价，以判别被考察的对象是否是危险源（不可忽略的、必须控制的）。

在选择控制措施控制危险源时，需要对控制措施的控制效果进行评价，通过评价选择最有效的控制措施。这种评价通常是通过对比控制前和控制后危险源的危险性进行的。

在采取危险源控制措施时虽然可以控制原有的危险源，但危险源控制措施本身却又可能带来新的危险源和危险性。因此，在进行危险源控制时，仍然需要进行危险源辨识和评价工作。

1.3 能量意外释放论与两类危险源

1.3.1 能量意外释放论

1961 年吉布森（Gibson）、1966 年哈登（Haddon）等人提出了解释事故发生物理本质的能量意外释放论。他们认为，事故是一种不正常的或不希望的能量释放。

1.3.1.1 能量在事故致因中的地位

能量在人类的生产、生活中是不可缺少的，人类利用各种形式的能量做功以实现预定的目的。人类在利用能量的时候必须采取措施控制能量，使能量按照人们的意图产生、转换和做功。从能量在系统中流动的角度，应该控制能量按照人们规定的能量流通渠道流动。如果由于某种原因失去了对能量的控制，就会发生能量违背人的意愿的意外释放或逸出，使进行中的活动中止而发生事故。如果事故发生时意外释放的能量作用于人体，并且能量的作用超过人体的承受能力，则将造成人员伤害；如果意外释放的能量作用于设备、建筑物、物体等，并且能量的作用超过它们的抵抗能力，则将造成设备、建筑物、物体的损坏。

生产、生活活动中经常遇到各种形式的能量，如机械能、热能、电能、化学能、电离及非电离辐射、声能、生物能等，它们的意外释放都可能造成伤害或损坏。

（1）机械能。意外释放的机械能是导致事故发生时人员伤害或财物损坏的主要类型的能量。机械能包括势能和动能。位于高处的人体、物体、岩体或结构的一部分相对于低处的基准面有较高的势能。当人体具有的势能意外释放时，发生坠落或跌落事故；物体具有的势能意外释放时，物体自高处落下可能发生物体打击事故；岩体或结构的一部分具有的势能意外释放时，发生冒顶、片帮、坍塌等事故。运动着的物体都具有动能，它们具有的动能意外释放并作用于人体，则可能发生车辆伤害、机械伤害、物体打击等事故。

（2）电能。意外释放的电能会造成各种电气事故。意外释放的电能可能使电气设备的金属外壳等导体带电而发生所谓的"漏电"现象。当人体与带电体接触时会遭受电击；电火花会引燃易燃易爆物质而导致火灾、爆炸事故的发生；强烈的电弧可能灼伤人体等。

（3）热能。现今的生产、生活中到处利用热能，人类利用热能的历史可以追溯到远古时代。失去控制的热能可能灼烫人体、损坏财物、引起火灾。火灾是热能意外释放造成的最典型的事故。应该注意，在利用机械能、电能、化学能等其他形式的能量时也可能产生热能。

（4）化学能。有毒有害的化学物质使人员中毒，是化学能引起的典型伤害事故。在众多的化学物质中，相当多的物质具有的化学能会导致人员急性、慢性中毒，致病、致畸、致癌。火灾中化学能转变为热能，爆炸中化学能转变为机械能和热能。

（5）电离及非电离辐射。电离辐射主要指 α 射线、β 射线和中子射线等射线辐射，它们会造成人体急性、慢性损伤。非电离辐射主要为 X 射线、γ 射线、紫外线、红外线和宇宙射线等射线辐射。工业生产中常见的电焊、熔炉等高温热源放出的紫外线、红外线等有害辐射会伤害人的视觉器官。

　　麦克法兰特（McFarland）在解释事故造成的人身伤害或财物损坏的机理时说："……所有的伤害事故（或损坏事故）都是因为1）接触了超过机体组织（或结构）抵抗力的某种形式的过量的能量；2）有机体与周围环境的正常能量交换受到了干扰（如窒息、淹溺等）。因而，各种形式的能量是构成伤害的直接原因。"

　　人体自身也是个能量系统。人的新陈代谢过程是吸收、转换、消耗能量并与外界进行能量交换的过程。当人体与外界的能量交换受到干扰时，即人体不能进行正常的新陈代谢时，人员将受到伤害，甚至死亡。

　　表1-1为人体受到超过其承受能力的各种形式能量作用时受伤害的情况；表1-2为人体与外界的能量交换受到干扰而发生伤害的情况。

表1-1　能量类型与伤害

能量类型	产生的伤害	事故类型
机械能	刺伤、割伤、撕裂、挤压皮肤和肌肉、骨折、内部器官损伤	物体打击、车辆伤害、机械伤害、起重伤害、高处坠落、坍塌、冒顶片帮、放炮、火药爆炸、瓦斯爆炸、锅炉爆炸、压力容器爆炸
热　能	皮肤发炎、烧伤、烧焦、焚化、伤及全身	灼烫、火灾
电　能	干扰神经-肌肉功能、电伤	触电
化学能	化学性皮炎、化学性烧伤、致癌、致遗传突变、致畸胎、急性中毒、窒息	中毒和窒息、火灾

表1-2　干扰能量交换与伤害

影响能量交换类型	产生的伤害	事故类型
氧的利用	局部或全身生理损害	中毒和窒息
其　他	局部或全身生理损害（冻伤、冻死）、热痉挛、热衰竭、热昏迷	

　　研究表明，人体对各种形式的能量的作用都有一定的承受能力，或者说有一定的伤害阈值。例如，球形弹丸以4.9N的冲击力打击人体时，只能轻微地擦伤皮肤；重物以68.6N的冲击力打击人的头部时，会造成颅骨骨折。

　　事故发生时，在意外释放的能量作用下，人体（或结构）能否受到伤害（或损坏）以及伤害（或损坏）的严重程度如何，取决于作用于人体（或结构）的能量的大小、能量的集中程度、人体（或结构）接触能量的部位，能量作用的时间和频率等。显然，作用于人体的能量越大、越集中，造成的伤害越严重；人的头部或心脏受到过量的能量作用时会有生命危险；能量作用的时间越长，造成的伤害越严重。

　　该理论阐明了伤害事故发生的物理本质，指明了防止伤害事故就是防止能量意外释放，防止人体接触能量。根据这种理论，人们要经常注意生产过程中能量的流动、转换以及不同形式能量的相互作用，防止发生能量的意外释放或逸出。

1.3.1.2　屏蔽

　　从能量意外释放论出发，预防伤害事故就是防止能量或危险物质的意外释放，防止人体与过量的能量或危险物质接触。约束、限制能量，防止人体与能量接触的措施称为屏蔽。这是一种广义的屏蔽。在工业生产中经常采用的防止能量意外释放的屏蔽措施主要有以下几种：

（1）用安全的能源代替不安全的能源。被利用的能源具有的危险性较高时，可考虑用较安全的能源取代。例如，在容易发生触电的作业场所，用压缩空气动力代替电力，可以防止发生触电事故。但是应该注意，绝对安全的事物是没有的，虽然以压缩空气做动力避免了触电事故，但压缩空气管路破裂、脱落的软管抽打等都带来了新的危害。

（2）限制能量。在生产工艺中尽量采用低能量的工艺或设备，这样即使发生了意外的能量释放，也不致发生严重伤害。例如，利用低电压设备防止电击，限制设备运转速度以防止机械伤害，限制露天爆破装药量以防止个别飞石伤人等。

（3）防止能量蓄积。能量的大量蓄积会导致能量突然释放，因此要及时泄放多余的能量以防止能量蓄积。例如，通过接地消除静电蓄积，利用避雷针放电保护重要设施等。

（4）缓慢地释放能量。缓慢地释放能量可以降低单位时间内释放的能量，减轻能量对人体的作用。例如，各种减振装置可以吸收冲击能量，防止人员受到伤害。

（5）设置屏蔽设施。屏蔽设施是一些防止人员与能量接触的物理实体，即狭义的屏蔽。屏蔽设施可以被设置在能源上（例如安装在机械转动部分外面的防护罩），也可以被设置在人员与能源之间（例如安全围栏等）。人员佩戴的个体防护用品，可被看做是设置在人员身上的屏蔽设施。

（6）在时间或空间上把能量与人隔离。

在生产过程中也有两种或两种以上的能量相互作用引起事故的情况。例如，一台吊车移动的机械能作用于化工装置，使化工装置破裂导致有毒物质泄漏，引起人员中毒。针对两种能量相互作用的情况，应该考虑设置两组屏蔽设施：一组设置于两种能量之间，防止能量间的相互作用；一组设置于能量与人之间，防止能量达及人体。

（7）信息形式的屏蔽。各种警告措施等信息形式的屏蔽，可以阻止人员的不安全行为或避免发生行为失误，防止人员接触能量。

根据可能发生的意外释放的能量的大小，可以设置单一屏蔽或多重屏蔽，并且应该尽早设置屏蔽，做到防患于未然。

1.3.2　两类危险源

实际上，系统中的危险源即不安全因素种类繁多、非常复杂，它们在导致事故发生、造成人员伤害和财物损失方面所起的作用不同，它们的识别、控制、评价方法也不同。根据危险源在事故发生、发展中的作用，把危险源划分为两大类，即第一类危险源和第二类危险源。

1.3.2.1　第一类危险源

根据能量意外释放论，事故是能量或危险物质的意外释放，作用于人体的过量的能量或干扰人体与外界能量交换的危险物质是造成人员伤害的直接原因。于是，把系统中存在的、可能发生意外释放的能量或危险物质称作第一类危险源。

一般地，能量被解释为物体做功的本领。做功的本领是无形的，只有在做功时才显现出来。因此，实际工作中往往把产生能量的能量源或拥有能量的能量载体看做第一类危险源来处理。例如，带电的导体、奔驰的车辆等。

可以列举常见的第一类危险源如下：

（1）产生、供给能量的装置、设备；

（2）使人体或物体具有较高势能的装置、设备、场所；

（3）能量载体；

（4）一旦失控可能产生巨大能量的装置、设备、场所，如强烈放热反应的化工装置等；

（5）一旦失控可能发生能量蓄积或突然释放的装置、设备、场所，如各种压力容器等；

（6）危险物质，如各种有毒、有害、可燃烧爆炸的物质等；

（7）生产、加工、储存危险物质的装置、设备、场所；

（8）人体一旦与之接触将导致人体能量意外释放的物体。

第一类危险源具有的能量越多，一旦发生事故其后果越严重。相反，第一类危险源处于低能量状态时比较安全。同样，第一类危险源包含的危险物质的量越多，干扰人的新陈代谢越严重，其危险性越大。

1.3.2.2 第二类危险源

在生产、生活中，为了利用能量，让能量按照人们的意图在系统中流动、转换和做功，必须采取措施约束、限制能量，即必须控制危险源。约束、限制能量的屏蔽应该可靠地控制能量，防止能量意外地释放。实际上，绝对可靠的控制措施并不存在。在许多因素的复杂作用下约束、限制能量的控制措施可能失效，能量屏蔽可能被破坏而发生事故。导致约束、限制能量措施失效或破坏的各种不安全因素称作第二类危险源。

从系统安全的观点来考察，使能量或危险物质的约束、限制措施失效、破坏的原因因素，即第二类危险源，包括人、物、环境三个方面的问题。

在以往的安全工程中，人的问题和物的问题可以归纳为人的不安全行为和物的不安全状态。

在系统安全中涉及人的因素问题时，采用术语"人失误"。人失误是指人的行为的结果偏离了预定的标准。人失误可能直接破坏对第一类危险源的控制，造成能量或危险物质的意外释放。例如，合错了开关使检修中的线路带电，误开阀门使有害气体泄放等。人失误也可能造成物的故障，物的故障进而导致事故。例如，超载起吊重物造成钢丝绳断裂，发生重物坠落事故。

物的因素问题可以概括为物的故障。故障是指由于性能低下不能实现预定功能的现象。物的故障可能直接使约束、限制能量或危险物质的措施失效而发生事故。例如，电线绝缘损坏发生漏电；管路破裂使其中的有毒有害介质泄漏等。有时，一种物的故障可能导致另一种物的故障，最终造成能量或危险物质的意外释放。例如，压力容器的泄压装置故障，使容器内部介质压力上升，最终导致容器破裂。物的故障有时会诱发人失误，人失误会造成物的故障，实际情况比较复杂。

环境因素主要指系统运行的环境，包括温度、湿度、照明、粉尘、通风换气、噪声和振动等物理环境，以及企业和社会的软环境。不良的物理环境会引起物的故障或人失误。例如，潮湿的环境会加速金属腐蚀而降低结构或容器的强度；工作场所强烈的噪声影响人的情绪，分散人的注意力而发生人失误。企业的管理制度、人际关系或社会环境影响人的心理，可能引起人失误。

第二类危险源往往是一些围绕第一类危险源随机发生的现象，它们出现的情况决定事故发生的可能性。第二类危险源出现得越频繁，发生事故的可能性越大。

1.3.2.3 危险源与事故

一起事故的发生是两类危险源共同作用的结果。一方面，第一类危险源的存在是事故发生的前提，没有第一类危险源就谈不上能量或危险物质的意外释放，也就无所谓事故；另一方面，如果没有第二类危险源破坏对第一类危险源的控制，也不会发生能量或危险物质的意外释放。第二类危险源的出现是第一类危险源导致事故的必要条件。

　　在事故的发生、发展过程中，两类危险源相互依存、相辅相成。第一类危险源在事故发生时释放出的能量是导致人员伤害或财物损坏的能量主体，决定事故后果的严重程度；第二类危险源出现的难易决定事故发生的可能性的大小。两类危险源共同决定危险源的危险性。

　　第二类危险源是围绕着第一类危险源随机出现的人、物、环境方面的问题，其辨识、评价和控制应该在第一类危险源辨识、控制、评价的基础上进行。并且，与第一类危险源的辨识、评价和控制相比，第二类危险源的辨识、控制和评价更困难。

思 考 题

1-1　系统安全评价与预测在事故预防中的地位如何？

1-2　何谓系统安全，系统安全的基本原则有哪些？

1-3　系统安全与以往的工业安全相比，在安全观念上有哪些创新？

1-4　系统安全工程的基本内容有哪些？

1-5　能量在事故致因中具有怎样的地位，根据能量意外释放论应该如何采取措施防止事故？

1-6　两类危险源是怎样共同起作用导致事故发生的？

2 伤亡事故统计及其预测

2.1 事故的基本概念

2.1.1 事故的定义

事故（accident）是发生在人们生产、生活活动中的意外事件。人们对事故下了种种定义，其中伯克霍夫（Berckhoff）的定义比较著名。

按伯克霍夫的定义，事故是在人（个人或集体）为实现某种意图而进行的活动过程中，突然发生的、违反人的意志的、迫使活动暂时或永久停止的事件。该定义对事故做了全面的描述：

（1）事故是一种发生在人类生产、生活活动中的特殊事件，人类的任何生产、生活活动过程中都可能发生事故。因此，人们若想把活动按自己的意图进行下去，就必须努力采取措施来防止事故。

（2）事故是一种突然发生的、出乎人们意料的意外事件。这是由于导致事故发生的原因非常复杂，往往是由许多偶然因素引起的，因而事故的发生具有随机性质。在一起事故发生之前，人们无法准确地预测什么时候、什么地方、发生什么样的事故。事故发生的随机性质，使得认识事故、弄清事故发生的规律及防止事故发生成为一件非常困难的事情。

（3）事故是一种迫使进行着的生产、生活活动暂时或永久停止的事件。事故中断、终止活动的进行，必然给人们的生产、生活带来某种形式的影响。因此，事故是一种违背人们意志的事件、人们不希望发生的事件。

事故这种意外事件除了影响人们的生产、生活活动顺利进行之外，往往还可能造成人员伤害、财物损坏或环境污染等其他形式的后果。

事故和事故后果（consequence）是互为因果的两件事情：由于事故的发生产生了某种事故后果。但是在日常生产、生活中，人们往往把事故和事故后果看做一个事件，这是不正确的。之所以产生这种认识，是因为事故的后果，特别是给人们带来严重伤害或损失的后果，给人的印象非常深刻，相应地人们才注意了带来某种后果的事故；相反地，当事故带来的后果非常轻微，没有引起人们注意的时候，相应地人们也就忽略了事故。

作为安全工程研究对象的事故，主要是那些可能带来人员伤亡、财产损失或环境污染的事故。于是，可以对事故做如下的定义：事故是在人们生产、生活活动过程中突然发生的、违反人们意志的、迫使活动暂时或永久停止、可能造成人员伤害及财产损失或环境污染的意外事件。

根据事故发生后造成后果的情况，在事故预防工作中把事故划分为伤害事故、损坏事故、环境污染事故和未遂事故。既没有造成人员伤害也没有造成财物损坏和环境污染的事故称为未遂事故或险兆事故。

2.1.2 伤亡事故

在安全管理工作中，从事故统计的角度把造成损失工作日达到或超过1天的人身伤害或急性中毒事故称作伤亡事故。其中，在生产区域中发生的和生产有关的伤亡事故称作工伤事故，我国《工伤保险条例》对工伤认定做了具体规定。

2.1.2.1 伤害分类

根据人员受到伤害的严重程度和伤害后的恢复情况，把伤害分为4类：

（1）暂时性失能伤害——受伤害者或中毒者暂时不能从事原岗位工作，经过一段时间的治疗或休息可以恢复工作能力的伤害；

（2）永久性部分失能伤害——导致受伤害者或中毒者的肢体或某些器官的功能不可逆丧失的伤害；

（3）永久性全失能伤害——使受伤害者或中毒者完全残废的伤害；

（4）死亡。

伤亡事故统计的国家标准《企业职工伤亡事故分类》（GB 6441—86）把受伤害者的伤害分成3类：

（1）轻伤——损失工作日低于105日的失能伤害；

（2）重伤——损失工作日等于或大于105日的失能伤害；

（3）死亡。

2.1.2.2 伤亡事故分类

为了研究事故发生原因，便于对伤亡事故进行统计分析，国家标准 GB 6441—86 按致伤原因把伤亡事故分为20类，见表2-1。

表 2-1　按致伤原因的事故分类

序　号	事故类别	备　注
1	物体打击	指落物、滚石、捶击、碎裂、崩块、砸伤，不包括爆炸引起的物体打击
2	车辆伤害	包括挤、压、撞、颠覆等
3	机械伤害	包括铰、碾、割、戳
4	起重伤害	
5	触　电	包括雷击
6	淹　溺	
7	灼　烫	
8	火　灾	
9	高处坠落	包括由高处落地和由平地落入地坑
10	坍　塌	
11	冒顶片帮	
12	透　水	
13	放　炮	
14	火药爆炸	生产、运输和储藏过程中的意外爆炸
15	瓦斯爆炸	包括煤尘爆炸
16	锅炉爆炸	
17	压力容器爆炸	
18	其他爆炸	
19	中毒和窒息	
20	其　他	

按伤害严重程度把伤亡事故分为 3 类：

（1）轻伤事故——只发生轻伤的事故；

（2）重伤事故——发生了重伤但是没有死亡的事故；

（3）死亡事故——发生了死亡的事故。

2007 年颁布的国务院第 493 号令《生产安全事故报告和调查处理条例》中，根据一次事故中伤亡人数和经济损失情况把事故分为 4 类：

（1）一般事故——造成 3 人以下死亡，或者 10 人以下重伤（包括急性工业中毒，下同），或者 1000 万元以下直接经济损失的事故；

（2）较大事故——造成 3 人以上 10 人以下死亡，或者 10 人以上 50 人以下重伤，或者 1000 万元以上 5000 万元以下直接经济损失的事故；

（3）重大事故——造成 10 人以上 30 人以下死亡，或者 50 人以上 100 人以下重伤，或者 5000 万元以上 1 亿元以下直接经济损失的事故；

（4）特别重大事故——造成 30 人以上死亡，或者 100 人以上重伤，或者 1 亿元以上直接经济损失的事故。

2.1.3　事故发生频率与后果严重度

事故的发生具有随机性，事故发生后造成后果的情况也具有随机性。这种随机性反映在事故发生频率和事故后果严重度的关系方面。

按定义，事故发生频率是单位时间内发生的事故的次数：

$$事故发生频率 = \frac{事故发生次数}{活动进行时间}$$

经验表明，在人类的生产、生活活动中事故的发生频率很小，伤亡事故发生的频率更小。

事故后果严重度是事故发生后其后果带来的损失大小的度量。事故后果带来的损失包括人员生命健康方面的损失、财产损失、生产损失或环境方面的损失等可见损失，以及受伤害者本人、亲友、同事等遭受的心理冲击，事故造成的不良社会影响等无形的损失。由于无形的损失主要取决于可见损失，因此事故后果严重度集中地表现在可见损失的大小上。

通常，以伤害的严重程度来描述人员生命健康方面的损失；以损失价值的金额数来表示事故造成的财物损失或生产损失。

海因里希早在 20 世纪 30 年代就研究了事故发生频率与事故后果严重度之间的关系。他调查了 5000 多起工业伤害事故案例中事故发生后人员受到伤害的情况。根据对调查结果的统计处理得出结论，在同一个人发生的 330 起同种事故中，300 起事故没有造成伤害，29 起造成了轻微伤害，1 起造成了严重伤害，即事故后果分别为严重伤害、轻微伤害和无伤害的事故次数之比为 1∶29∶300。

比例 1∶29∶300 被称为海因里希法则，它反映了事故发生频率与事故后果严重度之间的一般规律，即事故发生后带来严重伤害的情况是很少的，造成轻微伤害的情况稍多，而事故后无伤害的情况是大量的。比例 1∶29∶300 表明，事故发生后其后果的严重程度具有随机性质，或者说其后果的严重度取决于机会因素。因此，一旦发生事故，控制事故后果的严重程度是一件非常困难的工作。为了防止严重伤害的发生，应该全力以赴地防止事故的发生。

比例 1∶29∶300 是根据同一个人发生同种事故的后果统计资料得到的结果，并以此来定性地（不是定量地）表示事故发生频率与事故后果严重度之间的一般关系。实际上，不同种类

的事故导致严重伤害、轻微伤害和无伤害次数的
比例是不同的。

在安全科学研究中,经常以事故后果严重度
(死亡人数、经济损失金额)为横轴,以超过某
种后果严重度的事故发生频率为纵轴,表示各类
事故或灾害的发生频率与后果严重度之间的关系
(见图2-1)。

对于许多种类的事故,其发生频率与后果严
重度之间近似地有如下公式成立:

$$PC^k = n \qquad (2-1)$$

式中　　P——后果严重度达到 C 以上事故的发生
　　　　　　频率;

　　　　C——事故后果严重度;

　　　　k——常数;

　　　　n——常数。

常数 k 是反映某种事故发生频率与后果严
重度之间关系的重要参数。它与事故种类有
关,当常数 k 大时,事故造成严重后果的可能
性小;当 k 小时,事故容易造成严重后果。

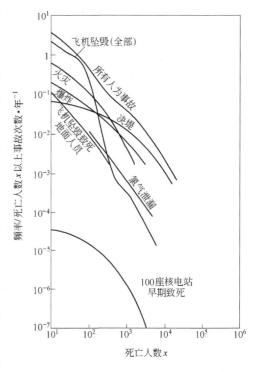

图 2-1　事故或灾害的发生频率与后果严重度

2.2　事故统计分析基础

事故统计分析是运用数理统计来研究事故发生规律的一种方法。

对任何一个人来说,很少有遇到伤害事故的情况,几乎很少有人仅仅根据个人的经历就能
清楚地认识到事故预防的重要性。事故统计数据可以把危险状况展现在人们面前,提高人们对
事故的认识,使存在的急需解决的问题暴露出来。

一般地,事故统计分析有如下作用:

(1)描述一个企业、部门当前的安全状况;

(2)作为观察事故发生趋势的依据;

(3)用以判断和确定问题的范围;

(4)作为探查事故原因的依据;

(5)作为制定事故预防措施的依据;

(6)作为预测未来事故的依据。

事故的发生是一种随机现象。随机现象是在一定条件下可能发生也可能不发生,在个别试
验、观测中呈现出不确定性,但是在大量重复试验、观测中又具有统计规律性的现象。研究随
机现象需要借助概率论和数理统计的方法。

2.2.1　统计分布的基本概念

在概率论及数理统计中通过随机变量来描述随机现象。按定义,随机变量是"当对某量重
复观测时仅由于机会而产生变化的量"。它与人们通常接触的变量概念不同,随机变量不能适

当地用一个数值来描述，必须用实际数字系统的分布来描述。由于实际数字分布系统不同，随机变量分为离散型随机变量和连续型随机变量。在描述事故统计规律时，需要恰当地确定随机变量的类型。例如，一定时期内企业事故发生次数只能是非负的整数，相应地，其数字分布系统是离散型的；两次事故之间的时间间隔则应该属于连续型随机变量，因为与时间相应的数字分布系统是连续型的。

为了描述随机变量的分布情况，利用数学期望（平均值）来描述其数值的大小：

$$\bar{x} = \frac{1}{n} \sum_{i=1}^{n} x \qquad (i = 1,2,3,\cdots,n) \tag{2-2}$$

利用方差来描述其随机波动情况：

$$\sigma^2 = \frac{\sum_{i=1}^{n} (x_i - \bar{x})^2}{n-1} \tag{2-3}$$

式中，x_i 为观测值。

某一随机现象在统计范围内出现的次数称为频数。如果与某种随机现象对应的随机变量是连续型随机变量，则往往把它的观测值划分为若干个等级区段，然后考察某一等级区段对应的随机现象出现次数。在某规定值以下所有随机现象出现频数之和称为累计频数。某种随机现象出现频数与被观测的所有随机现象出现总次数之比称为频率。表2-2为某企业两年内每个月事故发生次数及频率分布情况，图2-2为该企业事故的频数分布图，图2-3为其累计频数分布。

表 2-2　事故发生次数和频率分布

事故次数	频　数	累计频数	频　率	累计频率
0	1	1	0.04167	0.04167
1	2	3	0.08333	0.12500
2	3	6	0.12500	0.25000
3	4	10	0.16667	0.41667
4	4	14	0.16667	0.53333
5	3	17	0.12500	0.70833
6	2	19	0.08333	0.79167
7	2	21	0.08333	0.87500
8	1	22	0.04167	0.91666
9	1	23	0.04167	0.95833
10以上	1	24	0.04167	1.00000

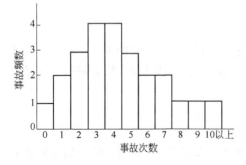

图 2-2　事故频数分布

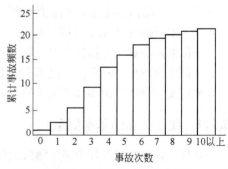

图 2-3　事故累计频数分布

频率在一定程度上反映了某种随机现象出现的可能性。但是，在观测次数少的场合频率呈现出强烈的波动性。随着观测次数的增加频率逐渐稳定于某常数，此常数称为概率，它是随机现象发生可能性的度量。

2.2.2 事故统计分布

在研究事故发生的统计规律时，我们关心的是在一定时间间隔内事故发生的次数，即事故发生率，或两次事故之间的时间间隔，即无事故时间。事故发生率和无事故时间是衡量一个企业或部门安全程度的重要指标。

2.2.2.1 无事故时间

无事故时间，是指两次事故之间的间隔时间，故又称作事故间隔时间。

根据大量观测、研究，事故的发生与生产、生活活动的经历时间有关。设以某次事故发生后的瞬间作为研究的初始时刻，到 t 时刻发生事故的概率记为 $F(t)$，不发生事故的概率记为 $R(t)$，则事故时间分布函数，即事故发生概率为：

$$F(t) = P_r\{T \leqslant t\}$$
$$F(0) = 0 \tag{2-4}$$

而不发生事故的概率为：

$$R(t) = 1 - F(t)$$
$$R(0) = 1 \tag{2-5}$$

当事故时间分布函数 $F(t)$ 可微分时，则：

$$f(t) = \frac{\mathrm{d}F(t)}{\mathrm{d}t}$$

$$F(t) = \int_0^t f(t)\,\mathrm{d}t$$

式中，$f(t)$ 称为概率密度函数。当 $\mathrm{d}t$ 非常小时，$f(t)\mathrm{d}t$ 表示在时间间隔 $(t, t + \mathrm{d}t)$ 内发生事故的概率。定义

$$\lambda(t) = \frac{f(t)}{R(t)} \tag{2-6}$$

为事故发生率函数。当 $\mathrm{d}t$ 非常小时，$\lambda(t)\mathrm{d}t$ 表示到 t 时刻没有发生事故而在时间间隔 $(t, t + \mathrm{d}t)$ 内发生事故的概率。该式也可写成：

$$\lambda(t) = \frac{\mathrm{d}F(t)}{\mathrm{d}t \cdot \overline{F}(t)} = -\frac{\mathrm{d}R(t)}{R(t)\mathrm{d}t}$$

把它积分：

$$\int_0^t \lambda(t)\,\mathrm{d}t = -\left[\ln R(t)\right]_0^t = -\left[\ln R(t) - \ln R(0)\right] = -\ln R(t)$$

$$R(t) = \mathrm{e}^{-\int_0^t \lambda(t)\,\mathrm{d}t} \tag{2-7}$$

于是，自初始时刻到 t 时刻事故发生概率为：

$$F(t) = 1 - R(t) = 1 - \mathrm{e}^{-\int_0^t \lambda(t)\,\mathrm{d}t} \tag{2-8}$$

式中，事故发生率函数 $\lambda(t)$ 决定了 $F(t)$ 的分布形式。

当事故发生率为常数，$\lambda(t) = \lambda$ 时，事故发生概率变为指数分布：

$$F(t) = 1 - e^{-\lambda t} \tag{2-9}$$

$$f(t) = \lambda e^{-\lambda t} \tag{2-10}$$

事故发生率 λ 是指数分布唯一的分布参数，也是一个最具有实际意义的参数。它表示单位时间里发生事故的次数，是衡量企业安全状况的重要指标。严格地讲，任何企业的事故发生率都是不断变化的。但是，在考察一段比较短的时间间隔内的事故发生情况时，为简单起见，可以近似地认为事故发生率是恒定的。

指数分布的数学期望 $E(x)$ 为：

$$E(x) = \frac{1}{\lambda} = \theta \tag{2-11}$$

它等于事故发生率 λ 的倒数，通常记为 θ，称作平均无事故时间，或平均事故间隔时间。显然，平均无事故时间越长越好。

指数分布的方差 $V(x)$ 为：

$$V(x) = \frac{1}{\lambda^2} \tag{2-12}$$

指数分布的方差比较大。

图 2-4 为指数分布的 $f(t)$。

2.2.2.2　事故次数

在事故统计中经常以一定时间间隔内发生的事故次数作为统计指标。

当事故时间分布服从指数分布，即事故发生率 λ 为常数时，一定时间间隔内事故发生次数 $N(t)$ 服从泊松（Poisson）分布。

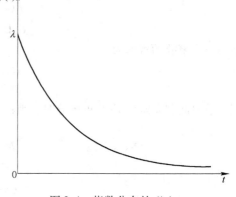

图 2-4　指数分布的 $f(t)$

自时刻 $t = 0$ 到 t 时刻发生 n 次事故的概率记为：

$$P_n(t) = P_r\{N(t) = n\}$$

则对于 $n = 0, 1, 2, \cdots$，有：

$$P_n(t) = \frac{(\lambda t)^n}{n!} e^{-\lambda t} \tag{2-13}$$

该式称作参数 λt 的泊松分布。由该式可以导出到 t 时刻发生不超过 n 次事故的概率：

$$P_r\{N(t) \leqslant n\} = \sum_{k=0}^{n} \frac{(\lambda t)^k}{k!} e^{-\lambda t} \tag{2-14}$$

在实际事故统计中往往固定时间间隔并取其为单位时间，即 $t = 1$，例如一个月或一年等。这种场合，发生 n 次事故的概率为：

$$f(n) = \frac{\lambda^n}{n!} e^{-\lambda} \tag{2-15}$$

该式称作参数 λ 的泊松分布。图 2-5 为不同参数的泊松分布。

在单位时间内发生事故不超过 n 次的概率为：

$$F(\leqslant n) = \sum_{k=0}^{n} \frac{\lambda^k}{k!} e^{-\lambda} \tag{2-16}$$

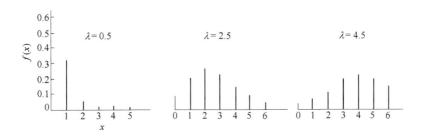

图 2-5　不同参数的泊松分布

发生 n 次以上事故的概率为：

$$F(>n) = 1 - F(\leq n) = 1 - \sum_{k=0}^{n} \frac{\lambda^k}{k!} e^{-\lambda} \tag{2-17}$$

参数 λt 的泊松分布其数学期望和方差都是 λt；参数 λ 的泊松分布其数学期望和方差都是 λ。

2.2.3　置信区间

随机地从总体中抽取一个样本。在推断总体期望值的场合，可以根据样本观测值计算样本的期望值 $\hat{\theta}$。根据总体分布的概率密度函数，可以求出 $\hat{\theta}$ 落入任意两个值 t_1 与 t_2 之间的概率。对于某一特定的概率 $(1-\alpha)$，如果

$$P_r(t_1 \leq \hat{\theta} \leq t_2) = (1-\alpha) \tag{2-18}$$

则称 t_1 与 t_2 之间（包括 t_1、t_2 在内）的所有值的集合为参数 $\hat{\theta}$ 的置信区间，t_1、t_2 分别为置信上限和置信下限。对应于置信区间的特定概率 $(1-\alpha)$ 称为置信度，α 称为显著性水平。

例如，期望值为 μ、方差为 σ 的正态分布，其观测值的 94.45% 可能落入 $(\mu \pm 2\sigma)$ 的范围内（见图 2-6）。这相当于置信度为 94.45% 的置信区间为 $(\mu-2\sigma) \sim (\mu+2\sigma)$，

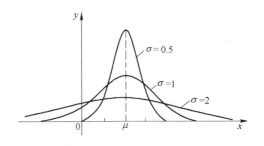

图 2-6　正态分布

即当从总体中反复多次抽样时，每组样本观测值确定一个区间 $(\mu \pm 2\sigma)$，在这些区间内包含 μ 的约占 95%，不包含 μ 的约占 5%。

置信度与置信区间在事故统计分析中具有重要意义，可以被用来估计统计分析的可靠程度，以及参数估计的区间估计。

2.3　伤亡事故综合分析

伤亡事故综合分析是以大量的伤亡事故资料为基础，应用数理统计的原理和方法，从宏观上探索伤亡事故发生原因及规律的过程。通过伤亡事故的综合分析，可以了解一个企业、部门在某一时期的安全状况，掌握伤亡事故发生、发展的规律和趋势，探求伤亡事故发生的原因和有关的影响因素，从而为有效地采取预防事故措施提供依据，为宏观事故预测及安全决策提供依据。

事故统计分析的目的包括以下 3 个方面：

（1）进行企业外的对比分析。依据伤亡事故的主要统计指标进行部门与部门之间、企业与企业之间、企业与本行业平均指标之间的对比。

（2）对企业、部门的不同时期的伤亡事故发生情况进行对比，用来评价企业安全状况是否有所改善。

（3）发现企业事故预防工作存在的主要问题，研究事故发生原因，以便采取措施防止事故发生。

2.3.1　伤亡事故统计指标

为了便于统计、分析、评价企业、部门的伤亡事故发生情况，需要规定一些通用的、统一的统计指标。1948 年 8 月召开的国际劳工局会议，确定了以伤亡事故频率和伤害严重率为伤亡事故统计指标。

2.3.1.1　伤亡事故频率

生产过程中发生的伤亡事故次数与参加生产的职工人数、经历的时间及企业的安全状况等因素有关。在一定的时间内参加生产的职工人数不变的场合，伤亡事故发生次数主要取决于企业的安全状况。于是，可以用伤亡事故频率作为表征企业安全状况的指标：

$$a = \frac{A}{N \cdot T} \qquad (2\text{-}19)$$

式中　a——伤亡事故频率；

　　　A——伤亡事故发生次数；

　　　N——参加生产的职工人数；

　　　T——统计期间。

世界各国的伤亡事故统计指标的规定不尽相同。我国的国家标准 GB 6441—86 规定，按千人死亡率、千人重伤率和伤害频率计算伤亡事故频率。

（1）千人死亡率——某时期内平均每千名职工中因工伤事故造成死亡的人数。

$$千人死亡率 = \frac{死亡人数}{平均职工数} \times 10^3 \qquad (2\text{-}20)$$

（2）千人重伤率——某时期内平均每千名职工中因工伤事故造成重伤的人数。

$$千人重伤率 = \frac{重伤人数}{平均职工数} \times 10^3 \qquad (2\text{-}21)$$

（3）伤害频率——某时期内平均每百万工时因工伤事故造成的伤害人数。

$$伤害频率 = \frac{伤害人数}{实际总工时数} \times 10^6 \qquad (2\text{-}22)$$

目前我国仍然沿用劳动部门规定的工伤事故频率作为统计指标：

$$工伤事故频率 = \frac{本时期内工伤事故人次}{本时期内在册职工人数} \times 10^3 \qquad (2\text{-}23)$$

习惯上把它称为千人负伤率。

2.3.1.2　事故严重率

我国的国家标准 GB 6441—86 规定，按伤害严重率、伤害平均严重率和按产品产量计算死亡率等指标计算事故严重率。

（1）伤害严重率——某时期内平均每百万工时因事故造成的损失工作日数。

$$伤害严重率 = \frac{总损失工作日数}{实际总工时数} \times 10^6 \quad (2\text{-}24)$$

国家标准中规定了工伤事故损失工作日算法，其中规定永久性全失能伤害或死亡的损失工作日为 6000 个工作日。

（2）伤害平均严重率——受伤害的每人次平均损失工作日数。

$$伤害平均严重率 = \frac{总损失工作日数}{伤害人数} \quad (2\text{-}25)$$

（3）按产品产量计算的死亡率。这种统计指标适用于以 t、m³ 为产量计算单位的企业、部门。例如：

$$百万吨钢（或煤）死亡率 = \frac{死亡人数}{实际产量(t)} \times 10^6 \quad (2\text{-}26)$$

$$万立方米木材死亡率 = \frac{死亡人数}{木材产量(m^3)} \times 10^4 \quad (2\text{-}27)$$

2.3.2 伤亡事故发生规律分析

伤亡事故统计分析可以宏观地研究伤亡事故发生规律。它从造成大量伤亡事故的诸多因素中找出带有普遍性的原因，为进一步的分析研究和采取预防措施提供依据。

2.3.2.1 事故伤害统计分析

可以从受伤部位、受伤性质、起因物、致害物、伤害方式等方面对事故伤害进行统计分析。

A 受伤部位

按颅脑、面颌部、眼部、鼻、耳、口、颈部、胸部、腹部、腰部、脊柱、上肢、腕及手、下肢等统计受伤部位。

B 受伤性质

按电伤、挫伤、轧伤、压伤、倒塌压埋伤、辐射损伤、割伤、擦伤、刺伤、骨折、化学性灼伤、撕脱伤、扭伤、切断伤、冻伤、烧伤、烫伤、中暑、冲击伤、生物致伤、多伤害、中毒等统计受伤性质。

C 起因物

起因物包括锅炉、压力容器、电气设备、起重机械、泵、发动机、企业车辆、船舶、动力传送机构、放射性物质及设备、非动力手工工具、电动手工工具、其他机械、建筑物及构筑物、化学品、煤、石油制品、水、可燃性气体、金属矿物、非金属矿物、粉尘、木材、梯、工作面、环境、动物、其他。

D 致害物

致害物包括煤、石油产品、木材、水、放射性物质、电气设备、梯、空气、工作面、矿石、黏土、砂、石、锅炉、压力容器、大气压力、化学品、机械、金属件、起重机械、噪声、蒸汽、非动力手工工具、电动手工工具、动物、企业车辆、船舶。

2.3.2.2 事故原因统计分析

我国从以下 11 个方面统计伤亡事故原因：

（1）设备、工具、附件有缺陷；

（2）防护、保险、信号等装置缺乏或有缺陷；

（3）个人防护用品缺乏或有缺陷；

（4）光线不足或地点及通道情况不良；

（5）没有安全操作规程、制度，或规程、制度不健全；

（6）劳动组织不合理；

（7）对现场工作缺乏检查或指导有错误；

（8）设计有缺陷；

（9）不懂操作技术知识；

（10）违反操作规程或劳动纪律；

（11）其他。

国家标准 GB 6442—86 规定，应该分别按照事故的直接原因、间接原因进行事故原因分析。国家标准 GB 6441—86 给出了不安全状态和不安全行为的具体内容。

（1）不安全状态。

1）防护、保险、信号等装置缺乏或有缺陷；

2）设备、设施、工具、附件有缺陷；

3）个人防护用品缺少或有缺陷；

4）生产（施工）场地环境不良。

（2）不安全行为。

1）操作错误，忽视安全，忽视警告；

2）造成安全装置失效；

3）使用不安全设备；

4）用手代替工具操作；

5）物体（成品、半成品、材料、工具、切屑和生产用品等）存放不当；

6）冒险进入危险场所；

7）攀、坐不安全位置；

8）在起吊物下作业、停留；

9）在机器运转时进行加油、修理、检查、调整、焊接、清扫等工作；

10）有分散注意力行为；

11）在必须使用个人防护用品、用具的作业或场合中，忽视其使用；

12）不安全装束；

13）对易燃易爆等危险物品处理错误。

2.3.2.3　相关因素分析

伤亡事故的发生与许多因素有关。相关因素分析可以从统计学的角度找出影响伤亡事故发生的相关因素，掌握伤亡事故发生的规律性。一般地，相关因素分析包括以下内容：

（1）与伤亡事故发生有关的个人情况，如性别、年龄、本岗位工龄等；

（2）与伤亡事故发生有关的生产作业情况，如工作单位、车间、工段、工种、事故发生场所等；

（3）与伤亡事故发生有关的时间因素，如事故发生时刻、班次、月份、季节等；

（4）其他与伤亡事故发生有关的因素。

2.3.3 伤亡事故统计图表

在伤亡事故统计分析中经常配合使用各种统计图表来增加其直观性。常用的伤亡事故统计图表主要有柱状图、折线图、扇形图等。

2.3.3.1 柱状图

柱状图以柱状图形来表示各统计指标的数值大小。由于绘制容易、清晰醒目，所以柱状图应用得十分广泛。

图 2-7 为某单位发生的事故中伤害部位分布的柱状图。

在进行伤亡事故统计分析时，有时需要把各种因素的重要程度直观地表现出来。这时可以利用排列图（或称主次因素排列图）来实现。绘制排列图时，把统计指标（通常是事故频数、伤亡人数、伤亡事故频率等）数值最大的因素排列在柱状图的最左端，然后按统计指标数值的大小依次向右排列，并以折线表示累计值（或累计百分比）。

在管理方法中有一种以排列图为基础的 ABC 管理法。它按累计百分比把所有因素划分为 A、B、C 3 个级别，其中累计百分比 0～80% 为 A 级、80%～90% 为 B 级、90%～100% 为 C 级。A 级因素相对数目较少但累计百分比达到 80%，是"关键的少数"，是管理的重点；相反，C 级因素属于"无关紧要的多数"。图 2-8 为某企业各类伤亡事故发生次数的排列图。由该图可以看出，物体打击、机械伤害是该企业伤亡事故的主要类别，是事故预防工作的重点。

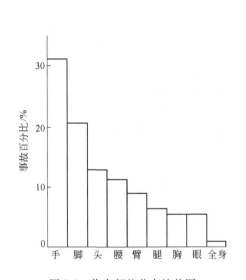

图 2-7　伤害部位分布柱状图

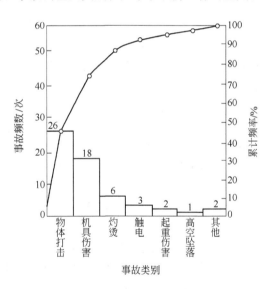

图 2-8　伤亡事故发生次数的排列图

2.3.3.2 折线图

折线图用不间断的折线来表示各统计指标的数值大小和变化，最适合于表现事故发生与时间的关系。伤亡事故统计中常用的折线图主要有事故发生趋势图和伤亡事故管理图等。

　A　事故发生趋势图

事故发生趋势图用于图示事故发生趋势分析。事故发生趋势分析是按时间顺序对事故发生情况进行的统计分析，它按照时间顺序对比不同时期的伤亡事故统计指标，展示伤亡事故发生趋势和评价某一个时期内企业的安全状况。

图 2-9 为某企业 1980～1989 年伤亡事故发生趋势图。由图可以看出，1984 年以前千人负

伤率下降幅度较大，之后呈稳定下降趋势。

B　伤亡事故管理图

为了预防伤亡事故发生，降低伤亡事故发生频率，企业、部门广泛开展安全目标管理。伤亡事故管理图是在实施安全目标管理中，为及时掌握事故发生情况而经常使用的一种统计图表。

图 2-9　伤亡事故发生趋势图

在实施安全目标管理时，把作为年度安全目标的伤亡事故指标逐月分解，确定月份管理目标。一般地，一个单位的职工人数在短时间内是稳定的，故往往以伤亡事故次数作为安全管理的目标值。

如前所述，在一定时期内一个单位里伤亡事故发生次数的概率分布服从泊松分布，并且泊松分布的数学期望和方差都是 λ。这里 λ 是事故发生率，即单位时间里的事故发生次数。若以 λ 作为每个月伤亡事故发生次数的目标值，当置信度取 90% 时，按下述公式确定安全目标管理的上限 U 和下限 L：

$$U = \lambda + 2\sqrt{\lambda} \qquad (2-28)$$

$$L = \lambda - 2\sqrt{\lambda} \qquad (2-29)$$

在实际安全工作中，人们最关心的是实际伤亡事故发生次数的平均值是否超过安全目标。所以，往往不必考虑管理下限而只注重管理上限，力争每个月里伤亡事故发生次数不超过管理上限。

绘制伤亡事故管理图时，以月份为横坐标，以事故次数为纵坐标，用实线画出管理目标线，用虚线画出管理上限和下限，并注明数值和符号，如图 2-10 所示。把每个月的实际伤亡事故次数点在图中相应的位置上，并将代表各月份伤亡事故发生次数的点连成折线，根据数据点的分布情况和折线的总体走向，可以判断当前的安全状况。

正常情况下，各月份的实际伤亡事故发生次数应该在管理上限之内围绕安全目标值随机波动。当管理图上出现下列情况之一时，就应该认为安全状况发生了变化，不能实现预定的安全目标，需要查明原因及时改正：

（1）多个数据点连续上升，见图 2-10（a）；

（2）连续数据点在目标值以上，见图 2-10（b）；

（3）个别数据点超出了管理上限，见图 2-10（c）；

（4）大多数数据点在目标值以上，见图 2-10（d）。

2.3.4　伤亡事故统计分析中应该注意的问题

事故的发生是一种随机现象。按照伯努利（Bernoulli）大数定律，只有样本容量足够大时，随机现象出现的频率才趋于稳定。样本容量越小，即观测的数据量越少，随机波动越强烈，统计结果的可靠性越差。据国外的经验，观测低于 20 万工时的场合，统计的伤亡事故频率将有明显的波动，往往很难作出正确的判断；在观测达到 100 万工时的场合可以得到比较稳定的结果。

在应用统计分析的方法研究伤亡事故发生规律或利用伤亡事故统计指标评价企业的安全状

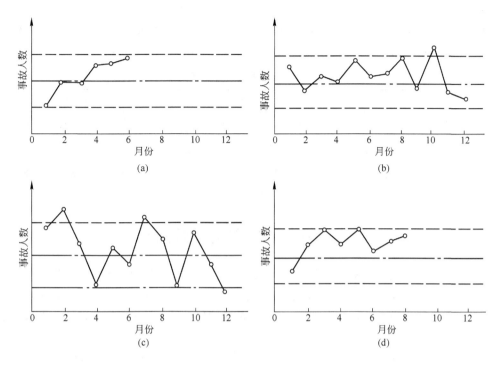

图 2-10　伤亡事故管理图

况时，为了获得可靠的统计结果，应该设法增加样本容量。可以从两个方面采取措施扩大样本容量。

（1）延长观测期间。对于职工人数较少的单位，可以通过适当增加观测期间来扩大样本容量。例如，采用千人负伤率作为统计指标时，如果以月为单位统计的话，得到的统计结果波动性很大；如果以年为单位统计，则得到的统计结果比较稳定。图 2-11 为某企业 3 年间伤亡事故统计情况，把统计期间由月改为年，降低了随机波动性。

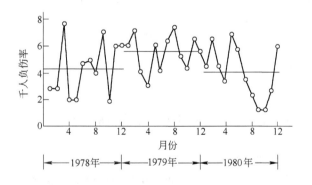

图 2-11　某企业 3 年间伤亡事故统计情况

（2）扩大统计范围。事故的发生具有随机性，事故发生后伤害的有无和伤害的严重程度也具有随机性，并且根据海因里希的 1：29：300 法则，越严重的伤害出现的概率越小。因此，统计范围越小，即仅统计其伤害严重度达到一定程度的事故，则统计结果的随机波动性越大。例如，某企业连续 3 年伤亡事故死亡人数分别为 20、15 和 10 人。从表面上看，3 年中死亡人数从 20 减少到 10，恰好减少了一半，但是考虑到置信度为 95% 的置信区间，可以认为死亡人数的减少可能是随机因素造成的，不能说明企业的实际安全状况发生了变化（见表 2-3）。可以说，对于规模不大的企业，用死亡人数来评价其安全状况是一种无谓的尝试。

表 2-3　死亡人数与置信区间

第 1 年		第 2 年		第 3 年	
死亡人数 20	置信区间（13~29）	死亡人数 15	置信区间（9~23）	死亡人数 10	置信区间（5~17）
第 1 年与第 2 年死亡人数差为 5			第 2 年与第 3 年死亡人数差为 5		

一般的伤亡事故统计只统计损失工作日 1 天及 1 天以上的事故，为了扩大样本容量，可以把损失工作日不到 1 天的轻微伤害事故也统计进去。

2.4　伤亡事故发生趋势预测

预测是人们对客观事物发展变化的一种认识和估计。人们通过对已经发生的伤亡事故的分析、研究，弄清了事故发生机理，掌握了事故发生、发展规律，就可以对伤亡事故在未来发生的可能性及发生的趋势作出估计和判断。伤亡事故预测包括事故发生可能性预测和事故发生趋势预测。

（1）伤亡事故发生可能性预测。伤亡事故发生可能性预测是对某种特定的伤亡事故能否发生、发生的可能性如何进行的预测，它为采取具体预防事故措施防止事故发生提供依据。

（2）伤亡事故发生趋势预测。伤亡事故发生趋势预测是根据事故统计资料对未来事故发生趋势的宏观预测，主要为制定安全管理目标、制定安全工作规划或作出安全决策提供依据。

这里我们讨论伤亡事故发生趋势预测。

伤亡事故的发生受企业生产过程中危险源出现情况、生产技术水平、人员素质及企业管理水平等诸多因素影响，其发生机理非常复杂。然而，大量的统计资料表明，伤亡事故发生状况及其影响因素是一个密切联系的整体，并且这个整体具有相对的稳定性和持续性。于是，可以舍弃对各种影响因素的详细分析，在统计资料的基础上从整体上预测伤亡事故发生情况的变化趋势。

常用的伤亡事故发生趋势预测方法有回归预测法、指数平滑法、灰色系统预测法、卡尔曼滤波器预测法等。

2.4.1　回归预测法

回归预测法是通过对历史资料的回归分析来进行预测的方法。

2.4.1.1　回归分析

回归分析是研究一个随机变量与另一个变量之间相关关系的数学方法。当两变量之间既存在着密切关系，又不能由一个变量的值精确地求出另一个变量的值时，这种变量之间的关系称为相关关系。设两变量 x 和 y 具有相关关系，则它们之间的相关程度可以用相关系数 r 来描述：

$$r = \frac{L_{xy}}{\sqrt{L_{xx} \cdot L_{yy}}} \tag{2-30}$$

式中

$$L_{xy} = \sum x_i y_i - \frac{1}{n} \sum x_i \sum y_i$$

$$L_{xx} = \sum x_i^2 - \frac{1}{n} \left(\sum x_i \right)^2$$

$$L_{yy} = \sum y_i^2 - \frac{1}{n} \left(\sum y_i \right)^2$$

当 $|r| = 1$ 时，表明两变量之间完全线性相关；当 $|r| = 0$ 时，表明两者完全无关。一般地，$0 < |r| < 1$，$|r|$ 越大，则线性相关性越好。当变量 x 和 y 之间线性相关时，可以用一直线方程来描述：

$$\hat{y} = a + bx \tag{2-31}$$

根据变量的观测值求得该直线方程的过程称为回归，其关键在于确定方程中的参数 a 和 b。

根据最小二乘法原理，回归分析时使平方和 $\sum (y_i - \hat{y}_i)^2$ 最小的直线是最好的。可以把平方和写成如下形式：

$$\sum (y_i - \hat{y}_i)^2 = \sum (y_i - a - bx_i)^2 \tag{2-32}$$

把该式对 a 和 b 分别求偏导数并令其等于 0，经过整理得到：

$$b = \frac{L_{xy}}{L_{xx}} \quad \text{和} \quad a = \bar{y} - b\bar{x} \tag{2-33}$$

式中

$$\bar{x} = \frac{1}{n} \sum_{i=1}^{n} x_i$$

$$\bar{y} = \frac{1}{n} \sum_{i=1}^{n} y_i$$

根据回归分析得到的直线方程，按外推方式可以求出对应于任意 $x (x > x_n)$ 的 $\hat{y}$ 的预测值。

由于变量 x 和 y 之间的关系不是确定的函数关系而是相关关系，所以实际的 y 不一定恰好在回归直线上，根据置信区间的概念，它应该处在回归直线两侧的某一区域内。可以证明，当置信度为 $(1 - \alpha)$ 时，预测区间为：

$$(\hat{y} - \delta(x), \hat{y} + \delta(x)) \tag{2-34}$$

式中 $\delta(x) = t_a(n-2) \cdot S \cdot \sqrt{1 + \frac{1}{n} + \frac{(x - \bar{x})^2}{\sum_{i=1}^{n} (x_i - \bar{x})^2}}$；

$t_a(n-2)$——t 分布值；

S——剩余标准差，$S = \sqrt{\dfrac{\sum (y_i - \hat{y}_i)^2}{n - 2}}$。

随着远离 $\bar{x}$，预测区间变宽而预测精度降低，见图 2-12。

2.4.1.2 伤亡事故回归预测

随着时间的推移，伤亡事故发生状况变化呈现出某种统计规律性。一般说来，随着生产技术的进步、劳动条件的改善及管理水平的提高，企业安全程度不断提高而伤亡事故发生率逐年降低。国内外大量统计资料表明，伤亡事故发生率逐年变化的规律可以表达为指数函数：

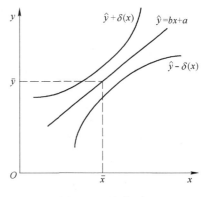

图 2-12 预测区间

$$\hat{y} = ae^{bx} \tag{2-35}$$

式中　$\hat{y}$——伤亡事故发生率；

　　　x——时间。

把该式两端取对数，并令 $\hat{y}_0 = \ln\hat{y}$，$a_0 = \ln a$，则得到直线方程：

$$\hat{y}_0 = a_0 + bx \tag{2-36}$$

于是，在获得了历年伤亡事故资料之后就可以按此直线方程进行回归预测。

例如，某企业 1980 ~ 1988 年间伤亡事故的千人负伤率分别为 56.2、55.7、49.5、34.6、14.4、9.5、9.0、6.5、4.1，我们预测 1989 年的千人负伤率。

首先把原始数据点画在坐标内，如图2-13 所示。观察数据点的分布情况，初步判

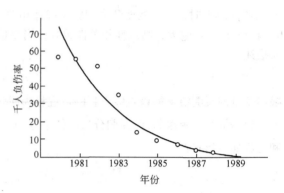

图 2-13　伤亡事故回归预测

定该企业千人负伤率随时间变化规律符合指数函数。然后将原始数据进行处理，处理结果列于表 2-4。

表 2-4　原始数据及处理结果

原始数据		处 理 结 果				
年份	千人负伤率	x_i	$y_{0i} = \ln y_i$	x_i^2	$x_i \cdot y_{0i}$	y_{0i}^2
1980	56.2	0	4.03	0	0	16.24
1981	55.7	1	4.02	1	4.02	16.16
1982	49.5	2	3.90	4	7.80	15.21
1983	34.6	3	3.54	9	10.62	12.53
1984	14.4	4	2.67	16	10.68	7.13
1985	9.5	5	2.25	25	11.25	5.06
1986	9.0	6	2.20	36	13.20	4.84
1987	6.5	7	1.87	49	13.09	3.50
1988	4.1	8	1.41	64	11.28	1.99
$\sum$		36	25.89	204	81.94	82.66

利用表内数据可以计算出各参数如下：

$n = 9$，$\bar{x} = 4$，$\bar{y}_0 = 2.88$，$L_{xy_0} = -21.62$，$L_{xx} = 60$，$L_{y_0y_0} = 8.18$。

按前面的相关系数公式计算 y_0 与 x 的相关系数为 $r = -0.98$，表明两变量强线性相关。

按式（2-33）算得 $a = 4.32$ 和 $b = -0.36$。于是，回归直线方程为：

$$\hat{y}_0 = 4.32 - 0.36x$$

外推到 1989 年时相当于 $x = 9$，代入上式中算得 $\hat{y}_0 = 1.08$，相应地，$\hat{y} = 2.9$。即预测的 1989 年伤亡事故的千人负伤率为 2.9。

取置信度 $(1 - \alpha) = 95\%$，则 $t_{0.05}(7) = 1.895$，$\delta(9) = 0.56$。这时的预测区间为：$(e^{1.08 - 0.66}, e^{1.08 + 0.66})$，即 $(1.7, 5.7)$。

于是，该企业 1989 年千人负伤率的预测区间为 $(1.7, 5.7)$。

2.4.2 灰色系统预测法

通常，人们把了解得很清楚的事物称作"白色"，把完全不清楚的事物称作"黑色"，把介于两者之间的称作"灰色"。灰色系统的基本特征是构成系统的因素一些是清楚的，而另一些则不太清楚，于是系统既不"白"也不"黑"，呈"灰色"。在研究伤亡事故发生机理时我们发现，有些事故致因因素及其对事故发生的作用很清楚，有些则不清楚。因此，可以借助灰色系统理论来研究。

2.4.2.1 灰色系统预测

A 数据生成

灰色系统的一个基本观点是把一切随机变量都看做是在一定范围内变化的灰色量。根据灰色系统理论，处理灰色量不是采用通常的数理统计方法，而是采用数据生成的方法来寻求其中的规律性。灰色系统数据生成方式有3种：

（1）累加生成。累加生成即通过数据列中各数据项依次累加得到新的数据列。累加前的数据列称为原数据列，累加后生成的数据列称为生成数据列。

（2）累减生成。累减生成即通过数据列中各数据项依次相减得到新的数据列。累减是累加的逆运算。

（3）映射生成。映射生成是除了累加、累减之外的其他生成。

在伤亡事故发生趋势预测中主要采用累加生成的方式进行数据处理。

设有原始数据列 $\boldsymbol{x}^{(0)}$：

$$\boldsymbol{x}^{(0)} = (x^{(0)}(k) \mid k = 1,2,3,\cdots,n)$$
$$= (x^{(0)}(1), x^{(0)}(2), x^{(0)}(3), \cdots, x^{(0)}(n)) \tag{2-37}$$

把第一个数据项 $x^{(0)}(1)$ 加到第二个数据项 $x^{(0)}(2)$ 上，得到生成数据列的第二个数据项 $x^{(1)}(2)$；把生成数据列的第二个数据项 $x^{(1)}(2)$ 加到第三个数据项 $x^{(0)}(3)$ 上，得到生成数据列的第三个数据项 $x^{(1)}(3)$。依此类推，得到生成数据列 $\boldsymbol{x}^{(1)}$：

$$\boldsymbol{x}^{(1)} = (x^{(1)}(1), x^{(1)}(2), \cdots, x^{(1)}(n)) \tag{2-38}$$

显然，生成数据列 $\boldsymbol{x}^{(1)}$ 与原始数据列 $\boldsymbol{x}^{(0)}$ 之间有如下关系：

$$x^{(1)}(k) = \sum_{i=1}^{k} x^{(0)}(i) \tag{2-39}$$

经过累加生成得到的生成数据列比原始数据列的随机波动性减弱了，内在的规律性显现出来了。

B 灰色模型

对于生成数据列 $\boldsymbol{x}^{(1)}$ 可以建立白化形式的微分方程，它称为一阶灰色微分方程，记为GM(1,1)：

$$\frac{\mathrm{d}\boldsymbol{x}^{(1)}}{\mathrm{d}t} + a\boldsymbol{x}^{(1)} = u \tag{2-40}$$

式中，a 和 u 是待定参数。

该方程的解为：

$$\hat{x}^{(1)}(k+1) = \left(x^{(1)}(1) - \frac{u}{a}\right)\mathrm{e}^{-ak} + \frac{u}{a} \tag{2-41}$$

该式称为时间反应方程。记参数列为 $\hat{a}$：

$$\hat{a} = \begin{bmatrix} a \\ u \end{bmatrix} 或 \hat{a} = (a, u)^{\mathrm{T}} \tag{2-42}$$

可以利用最小二乘法求解 $\hat{a}$：

$$\hat{a} = (\boldsymbol{B}^{\mathrm{T}}\boldsymbol{B})^{-1}\boldsymbol{B}^{\mathrm{T}}\boldsymbol{y}_N \tag{2-43}$$

式中

$$\boldsymbol{B} = \begin{bmatrix} -\dfrac{1}{2}(x^{(1)}(1) + x^{(1)}(2)) & 1 \\ -\dfrac{1}{2}(x^{(1)}(2) + x^{(1)}(3)) & 1 \\ \cdots \\ -\dfrac{1}{2}(x^{(1)}(n-1) + x^{(1)}(n)) & 1 \end{bmatrix}$$

$$\boldsymbol{y}_N = (x^{(0)}(2), x^{(0)}(3), \cdots, x^{(0)}(n))^{\mathrm{T}}$$

将得到的参数 a 和 u 代入时间响应方程，可以算得生成数据列中第 k 项和第 $(k+1)$ 项的估计值 $\hat{x}^{(1)}(k)$ 和 $\hat{x}^{(1)}(k+1)$。然后做累减生成，按式（2-44）计算原始数据列中第 $(k+1)$ 项的估计值 $\hat{x}^{(0)}(k+1)$：

$$\hat{x}^{(0)}(k+1) = \hat{x}^{(1)}(k+1) - \hat{x}^{(1)}(k) \tag{2-44}$$

C   后验差检验

为检验按灰色模型预测的可信性，需要进行后验差检验。

原始数据列的实际数据的平均值 $\bar{x}$ 和方差 S_1^2 分别为：

$$\bar{x} = \frac{1}{n}\sum_{k=1}^{n} x^{(0)}(k)$$

$$S_1^2 = \frac{1}{n}\sum_{k=1}^{n} (x^{(0)}(k) - \bar{x})^2 \tag{2-45}$$

把第 k 项数据的原始数据值 $x^{(0)}(k)$ 与计算的估计值 $\hat{x}^{(0)}(k)$ 之差 $q(k)$ 称作第 k 项残差：

$$q(k) = x^{(0)}(k) - \hat{x}^{(0)}(k) \tag{2-46}$$

则整个数据列所有数据项的残差的平均值 $\bar{q}$ 和方差 S_2^2 分别为：

$$\bar{q} = \frac{1}{n}\sum_{k=1}^{n} q(k)$$

$$S_2^2 = \frac{1}{n}\sum_{k=1}^{n} (q(k) - \bar{q})^2$$

通过计算后验差比值 C 和小误差频率 P 来进行后验差检验。

a   后验差比值

按定义：

$$C = \frac{S_2}{S_1} \tag{2-47}$$

后验差比值 C 越小越好。C 小则意味着 S_2 小而 S_1 大，即尽管原始数据很离散，按灰色模型计算的估计值与实际值也很接近。

b   小误差频率

按定义，小误差频率 P 为残差与残差平均值之差小于给定值 $0.6745S_1$ 的频率：

$$P = P\{|q(k) - \bar{q}| < 0.6745S_1\} \tag{2-48}$$

小误差频率 P 越大越好。

根据后验差比值 C 和小误差频率 P 可以综合评价模型的精度，见表 2-5。

表 2-5 后验差检验精度等级

精度等级	小误差频率 P	后验差比值 C
好	>0.95	<0.35
合格	>0.8	<0.5
勉强	>0.7	<0.65
不合格	$\leqslant 0.7$	$\geqslant 0.65$

D 残差模型

如果经过后验差检验根据原始数据列建立的灰色模型不合格，可以建立残差模型对原模型进行修正。

对累加生成的数据列的数据项计算残差：

$$q^{(1)}(k) = x^{(1)}(k) - \hat{x}^{(1)}(k) \tag{2-49}$$

组成残差数据列 $\boldsymbol{q}^{(1)}$：

$$\boldsymbol{q}^{(1)} = (q^{(1)}(1), q^{(1)}(2), q^{(1)}(3), \cdots, q^{(1)}(n_1)) \tag{2-50}$$

一般只用部分残差而不是全部残差建立残差模型，即 $n_1 < n$。

将残差数据列进行累加生成得到残差累加生成数据列，建立一阶微分方程：

$$\frac{\mathrm{d}\boldsymbol{q}^{(1)}}{\mathrm{d}t} + a_1\boldsymbol{q}^{(1)} = u_1 \tag{2-51}$$

该方程的解为：

$$\hat{q}^{(1)}(k+1) = \left(q^{(1)}(1) - \frac{u_1}{a_1}\right)\mathrm{e}^{-a_1k} + \frac{u_1}{a_1} \tag{2-52}$$

在算出参数 a_1 和 u_1 的值之后，可以按下式计算原残差数据列第 $(k+1)$ 项的估计值 $\hat{q}^{(1)}(k+1)$：

$$\hat{q}^{(1)}(k+1) = \left(q^{(1)}(1) - \frac{u_1}{a_1}\right)(\mathrm{e}^{-a_1(k+1)} - \mathrm{e}^{-a_1k}) \tag{2-53}$$

$$\hat{q}^{(1)}(1) = q^{(1)}(1) \tag{2-54}$$

把残差估计值加到生成数据列的对应项上，得到修正后的模型。一般地，从保证预测精度方面考虑只对生成数据列的最后几个数据项进行修正。设对生成数据列的第 m 项以后的数据项修正，则修正后的第 $(k+1)$ 项的估计值 $\hat{x}^{(1)}(k+1)$ 为

$$\hat{x}^{(1)}(k+1) = \left(x^{(0)}(1) - \frac{u}{a}\right)\mathrm{e}^{-ak} + \frac{u}{a} + \left(q^{(1)}(m) - \frac{u_1}{a_1}\right)$$

$$(\mathrm{e}^{-a_1(k-m+1)} - \mathrm{e}^{-a_1(k-m)}) \quad k > m \tag{2-55}$$

$$\hat{x}^{(1)}(k+1) = \left(x^{(0)}(1) - \frac{u}{a}\right)\mathrm{e}^{-ak} + \frac{u}{a} + q^{(1)}(m) \quad k = m \tag{2-56}$$

2.4.2.2 伤亡事故灰色系统预测

以伤亡事故数据作为原始数据列，利用灰色系统预测方法可以进行事故发生趋势预测。例如，对前面介绍回归预测时曾引用过的实际数据应用灰色系统预测情况如下：

（1）把原始数据列 $\boldsymbol{x}^{(0)}$ 中数据项依次累加，生成数据列 $\boldsymbol{x}^{(1)}$，列于表 2-6。

（2）计算参数 a 和 u：

$$\boldsymbol{B} = \begin{bmatrix} -84.0 & 1 \\ -136.6 & 1 \\ \cdots \\ -237.4 & 1 \end{bmatrix}, \quad \boldsymbol{y}_N = \begin{bmatrix} 55.7 \\ 49.5 \\ \cdots \\ 4.1 \end{bmatrix}, \quad \hat{\boldsymbol{a}} = \begin{bmatrix} a \\ u \end{bmatrix} = \begin{bmatrix} 0.37 \\ 93.33 \end{bmatrix}$$

得到 $a = 0.37$ 和 $u = 93.33$。

（3）建立灰色预测模型：

$$\hat{x}^{(1)}(k+1) = 250.33 - 194.2e^{-0.37k}$$

按此模型计算的生成数据列及累减后得到的还原数据列的各数据项估计值列于表 2-6 的 $\hat{x}^{(0)}(k)$ 项。

（4）后验差检验。原始数据值与估计值之间的残差列于表 2-6 的 $q(k)$ 项。

原始数据列的平均值 $\bar{x}^{(0)} = 26.60$，标准差为 $S_1 = 21.00$；残差平均值 $\bar{q} = 0.44$，标准差为 $S_2 = 4.16$。于是，后验差比值为 $C = 0.20$，小误差频率为 $P = 1$。对照表 2-4，预测精度等级为"好"，不必进行残差修正。

表 2-6 原始数据及处理结果

原始数据		处理结果					
年份	千人负伤率	k	$x^{(0)}(k)$	$x^{(1)}(k)$	$\hat{x}^{(1)}(k)$	$\hat{x}^{(0)}(k)$	$q(k)$
1980	56.2	1	56.2	56.2	56.2	56.2	0
1981	55.7	2	55.7	111.9	116.6	60.4	-4.7
1982	49.5	3	49.5	161.4	158.2	41.6	7.9
1983	34.6	4	34.6	196.0	186.9	28.7	5.9
1984	14.4	5	14.4	210.4	206.6	19.8	-5.4
1985	9.5	6	9.5	219.9	220.2	13.6	-4.1
1986	9.0	7	9.0	228.9	229.6	9.4	-0.4
1987	6.5	8	6.5	235.4	236.1	6.5	0
1988	4.1	9	4.1	238.5	240.5	4.4	-0.3
1989					243.6	3.1	

练 习 题

2-1 某单位平均每年发生伤亡事故 15 次，求一个月内伤亡事故次数超过 2 次的概率。

2-2 某单位 5 年来每年发生伤亡事故次数分别为 16，12，10，13，9 次。设单位时间内伤亡事故发生次数服从泊松分布，求一个月内伤亡事故发生 2 次的概率；根据前 5 年事故情况确定安全管理目标，求管理上限，画出事故管理图。

2-3 某企业 1990~1998 年间，事故伤亡人数分别为 61，77，73，47，46，59，50，31，33 人，分别用回归预测法和灰色系统预测法预测该企业 2000 年事故伤亡人数。

3 第一类危险源辨识、控制与评价

3.1 第一类危险源辨识与控制

3.1.1 第一类危险源辨识

作为第一类危险源辨识原则，应该认真考察系统中能量和危险物质的利用、产生和转换情况，弄清系统中出现的能量或危险物质的类型，研究它们对人或物的危害，在此基础上来辨识危险源。

在实际工作中，人们根据以往的事故经验弄清导致各种发生的主要危险源类型，然后到实际中去发现这些类型的危险源。在人们已经拥有了与对象系统类似系统的危险源辨识经验之后，就可以容易地进行危险源辨识工作。

表 3-1 列出了导致各种伤害事故的典型的第一类危险源。

表 3-1 伤害事故类型与第一类危险源

事故类型	能 量 源	能 量 载 体
物体打击	产生物体落下、抛出、破裂、飞散的设备、场所、操作	落下、抛出、破裂、飞散的物体
车辆伤害	车辆，使车辆移动的牵引设备、坡道	运动的车辆
机械伤害	机械的驱动装置	机械的运动部分、人体
起重伤害	起重、提升机械	被吊起的重物
触 电	电源装置	带电体、高跨步电压区域
灼 烫	热源设备、加热设备、炉、灶、发热体	高温物体、高温物质
火 灾	可燃物	火焰、烟气
高处坠落	高差大的场所，人员借以升降的设备、装置	人 体
坍 塌	土石方工程的边坡、料堆、料仓、建筑物、构筑物	边坡土（岩）体、物料、建筑物、构筑物、载荷
冒顶片帮	矿山采掘空间的围岩体	顶板、两帮围岩
放炮、火药爆炸	炸 药	
瓦斯爆炸	可燃性气体、可燃性粉尘	
锅炉爆炸	锅 炉	蒸 汽
压力容器爆炸	压力容器	内容物
事故类型	危险物质的产生、储存	危险物质
淹 溺	江、河、湖、海、池塘、洪水、贮水容器	水
中毒窒息	产生、储存、聚积有毒有害物质的装置、容器、场所	有毒有害物质

如前所述，并非所有可能意外释放的能量或危险物质都是需要控制的危险源，从实际安全工作的角度，只有其危险性超过一定限度的危险源才算作危险源。因此，第一类危险源辨识工作必须与危险源的危险性评价工作结合起来。此处危险性评价的着眼点在于危险源导致事故后果的严重程度是否到达或超过某种限度。对于许多种类的危险源，已经确定了第一类危险源辨识的标准。例如，我国规定距基准面高差 2m 以上的场所为"高处"，于是把达到或超过 2m 高差的场所视为高处坠落事故的危险源。

3.1.2　第一类危险源控制

工程技术手段是控制第一类危险源的基本措施。

在工业生产过程中，为了生产的目的而采取的技术称为生产技术；为了安全的目的而采取的技术称为安全技术。安全技术与生产技术密不可分，安全技术是生产技术的一部分，许多生产技术本身也具有安全功能。但是，安全技术又有一些区别于一般生产技术的地方。生产技术着眼于如何高效率地利用（或产生）能量或危险物质；安全技术则着眼于如何防止能量或危险物质意外释放而保护人或物。

控制危险源的安全技术包括防止事故发生的安全技术和避免或减少事故损失的安全技术两大类。

3.1.2.1　防止事故发生的安全技术

防止事故发生的安全技术的基本出发点是采取措施约束、限制能量或危险物质，防止其意外释放。常用的防止事故发生的安全技术有：消除危险源、限制能量或危险物质、隔离、严格操作程序。

A　消除危险源

消除系统中的危险源可以从根本上防止事故发生。但是，系统安全的一个重要观点是，人们不可能彻底消除所有的危险源，因为能量不能被消灭，人们只能有选择地消除几种特定的危险源。一般来说，当某种危险源的危险性较高时，应该首先考虑能否采取措施消除它。

可以通过选择恰当的生产工艺、技术、设备，合理的设计、结构形式或合适的原材料来彻底消除某种危险源。例如：

（1）用压气或液压系统代替电力系统，防止发生电气事故；

（2）用液压系统代替压气系统，避免压力容器、管路破裂造成冲击波；

（3）用不燃性材料代替可燃性材料，防止发生火灾；

（4）道路立体交叉，防止撞车；

（5）去除物品的毛刺、尖角或粗糙、破裂的表面，防止刺、割、擦伤皮肤。

应该注意，有时采取措施消除了某种危险源，却又可能带来新的危险源。例如，用压气系统代替电力系统可以防止电气事故，但是压气系统却可能发生物理爆炸事故。

B　限制能量或危险物质

受实际技术、经济条件的限制，有些危险源不能被彻底根除，这时应该设法限制它们拥有的能量或危险物质的量，降低其危险性。

（1）减少能量或危险物质的量。例如：

1）必须使用电力时，采用低电压防止触电；

2）限制可燃性气体浓度，使其不会达到爆炸极限；

3）利用液位控制装置，防止液位过高或过低；

4）控制化学反应速度，防止产生过多的热或过高的压力。

（2）防止能量蓄积。能量蓄积会使危险源拥有的能量增加，从而增加发生事故和造成损失的危险性。采取措施防止能量蓄积可以避免能量意外地突然释放。例如：

1）利用金属喷层或导电涂层防止静电蓄积；

2）控制工艺参数，如温度、压力、流量等。

（3）安全地释放能量。在可能发生能量蓄积或能量意外释放的场合，人为地开辟能量泄放渠道，安全地释放能量。例如：

1）压力容器上安装安全阀、破裂片等，防止容器内部能量蓄积；

2）在有爆炸危险的建筑物上设置泄压窗，防止爆炸摧毁建筑物；

3）电气系统设置接地保护；

4）设施、建筑物安装避雷保护装置。

C　隔离

隔离是一种常用的控制能量或危险物质的安全技术措施，既可用于防止事故发生，也可用于避免或减少事故损失。

预防事故发生的隔离措施有分离和屏蔽两种。前者是指时间上或空间上的分离，防止一旦相遇则可能产生或释放能量或危险物质的物质相遇；后者是指利用物理的屏蔽措施局限、约束能量或危险物质。一般说来，屏蔽较分离更可靠，因而得到广泛应用。

隔离措施的主要作用如下：

（1）把不能共存的物质分开，防止产生新的能量或危险物质。例如：

1）把燃烧三要素中的任何一种要素与其余的要素分开，防止发生火灾；

2）把相互接触或混合后可能发生燃烧、爆炸的物质分开贮存。

（2）局限、约束能量或危险物质在某一范围，防止其意外释放。例如：

1）在带电体外部加上绝缘物；

2）用坚固的密闭容器盛放危险物质；

3）在放射线设备上安装防护屏，抑制射线辐射。

（3）防止人员接触危险源。通常把这些措施称为安全防护装置。例如：

1）利用防护罩、防护栅等把设备的转动部件、高温热源或危险区域屏蔽起来；

2）道路两侧设置隔离带，防止人员进入机动车道。

为了确保隔离措施发挥作用，有时采用联锁方式。但是，联锁本身并非隔离措施。联锁主要用于下面两种情况：

（1）安全防护装置与设备之间的联锁。如果不利用安全装置，则设备不能运转而处于最低能量状态，防止事故发生。例如，矿井井口的安全栅、摇台与卷扬机启动电路联锁，可以防止误启动卷扬机。

（2）防止由于操作错误或设备故障而发生事故。例如：

1）防止操作顺序错误而设置联锁；

2）利用限位开关防止设备运转超出限定的范围；

3）当人体或人体的一部分进入危险区域时，联锁装置使设备停止运转。

联锁装置的类型非常多。在电气设备上最容易实现联锁，因而电气联锁最为常见。

D　严格操作程序

让操作者按照规定的操作步骤和方法进行操作。

3.1.2.2　避免或减少事故损失的安全技术

避免或减少事故损失的安全技术的基本出发点是防止意外释放的能量达及人或物，或者减轻其对人和物的作用。事故后如果不能迅速控制局面，则事故规模有可能进一步扩大，甚至引起二次事故而释放出更多的能量或危险物质。在事故发生前就应该考虑到采取避免或减少事故损失的技术措施。

常用的避免或减少事故损失的安全技术有隔离、个体防护、薄弱环节、避难与援救等。

A　隔离

作为避免或减少事故损失的隔离，其作用在于把被保护的人或物与意外释放的能量或危险物质隔开。隔离措施有远离、封闭和缓冲3种。

（1）远离。把可能发生事故而释放出大量能量或危险物质的工艺、设备或工厂等布置在远离人群或被保护物的地方。例如，把爆破材料的加工制造、储存设施安排在远离居民区和建筑物的地方；一些危险性高的化工企业远离市区等。

（2）封闭。利用封闭措施可以控制事故造成的危险局面，限制事故的影响。

1）控制事故造成的危险局面。例如，发生森林火灾时利用防火带封闭火区，防止火势扩大。

2）限制事故影响，避免伤害和破坏。例如，防火密闭可以防止有毒有害气体蔓延；高速公路两侧的围栏可以防止失控的汽车冲到两侧的沟里去。

3）为人员提供保护。把某一区域封闭起来作为安全区保护人员。例如，矿井里设置的避难硐室。

4）为物质、设备提供保护。

（3）缓冲。缓冲可以吸收能量，减轻能量的破坏作用。例如，安全帽可以吸收冲击能量，防止人员头部受伤。

B　个体防护

实际上，个体防护也是一种隔离措施，它把人体与意外释放的能量或危险物质隔离开。

个体防护用品主要用于下述3种场合：

（1）有危险的作业。在危险源不能消除、一旦发生事故就会危及人身安全的情况下必须使用个体防护用品。但是，应该避免用个体防护用品代替消除或控制危险源的其他措施。

（2）为调查和消除危险而进入危险区域。

（3）事故发生的应急情况。

C　薄弱环节

利用事先设计好的薄弱环节使事故能量按人们的意图释放，防止能量作用于被保护的人或物。一般地，设计的薄弱部分即使破坏了，却以较小的损失避免了大的损失。因此，这种安全技术又称接受微小损失。常见的薄弱环节的例子如下：

（1）汽车发动机冷却水系统的防冻塞。当汽缸水套中冻冰时体积膨胀，把防冻塞顶开而保护汽缸；

（2）锅炉上的易熔塞。当锅炉里的水降低到一定水平时，易熔塞温度升高并熔化，锅炉内的蒸汽泄放而防止锅炉爆炸；

（3）在有爆炸危险的厂房上设置泄压窗。当厂房内发生意外爆炸时，泄压窗泄压而保护厂房不被破坏；

（4）电路中的熔断器、驱动设备上的安全连接棒等。

D　避难与援救

事故发生后应该努力采取措施控制事态的发展。但是，当判明事态已经发展到不可控制的地步时则应迅速避难，撤离危险区。

按事故发生与伤害发生之间的时间关系，伤亡事故可分为两种情况：

（1）事故发生的瞬间人员即受到了伤害，甚至受伤害者尚不知发生了什么就遭受了伤害。例如，在爆炸事故发生瞬间处于事故现场的人员受到伤害的情况。在这种情况下人员没有时间采取措施避免伤害。为了防止伤害，必须全力以赴地控制能量或危险物质，防止事故发生。

（2）事故发生后意外释放的能量或危险物质经过一段相对长的时间间隔才达及人体，人员有时间躲避能量或危险物质的作用。例如，发生火灾、有毒有害物质泄漏事故的场合，远离事故现场的人们可以恰当地采取避难、撤退等行动，避免遭受伤害。在这种情况下人们的行为正确与否往往决定他们的生死存亡。

对于后一种情况，避难与援救具有非常重要的意义。为了满足事故发生时的应急需要，在厂区布置、建筑物设计和交通设施的设计中，要充分考虑一旦发生事故时的人员避难和援救问题。具体地，要考虑如下问题：

（1）采取隔离措施保护人员，如设置避难空间等；

（2）使人员能迅速撤离危险区域，如规定撤退路线、设置安全出口和应急输送等；

（3）如果危险区域里的人员无法逃脱的话，能够被援救人员搭救。

为了在一旦发生事故时人员能够迅速地脱离危险区域，事前应该做好应急计划，并且平时应该进行避难、援救演习。

3.1.2.3　安全技术体系

在工程应用中上述的安全技术措施已经体系化。安全技术体系包括本质安全设计、安全防护以及安全操作程序和规程3个工程技术方面。

A　本质安全设计

本质安全设计作为危险源控制的基本方法，通过选择安全的生产工艺、机械设备、装置、材料等，在源头上消除或限制危险源，而不是依赖"附加的"安全防护措施或管理措施去控制它们。

进行本质安全设计首先要通过系统安全分析辨识系统中可能出现的危险源，然后针对辨识出来的危险源选择消除、限制危险源效果最好的技术方案，并在工程设计中体现出来。

例如，在矿山安全领域，在采煤之前抽采或抽排瓦斯，针对危险岩体，为了防止地压危害，进行采矿设计时尽量采用充填式采矿法或崩落式采矿法，不采用空场式采矿法；选择适当的矿房、矿柱尺寸等，消除或减少矿岩暴露面积；为了防止冒顶片帮时人员受到伤害，采用深孔或中深孔落矿方式，人员不进入采矿场，在暴露面积较小的凿岩巷道或硐室里进行凿岩作业等。

B　安全防护

经过本质安全设计之后，有些危险源被消除了，有些危险源被限制而危险性降低了，但是仍然有危险源，仍然需要采取措施对"残余危险"采取防护措施，即安全防护。各种隔离措施是典型的安全防护。根据发挥防护功能的情况，把安全防护分为被动安全防护和主动安全防护两类。

被动安全防护主要是一些没有传感元件和动作部件而被动地限制、减缓能量或危险物质意外释放的物理屏蔽，如机械的防护栅、防护罩，溜矿井井口的格筛、围栏等。主动安全防护是一些检测异常状态并使系统处于安全状态的安全监控系统，如报警、联锁、减缓装置，或使系统处于低能量状态的紧急停车系统等。

C　安全操作程序和规程

采取了安全防护之后危险源的危险性进一步降低，仍然有"残余危险"，需要人们按照安全操作程序和规程谨慎地操作。

　　根据系统安全的原则，实现系统安全的努力应该贯穿于从立项、可行性研究、设计、建设、运行、维护直到报废为止的整个系统寿命期间。特别是在系统的早期设计、建设阶段消除、控制危险源，使残余危险性尽可能地小，对实现系统安全尤其重要。

　　设计者肩负着重大安全责任，应该把本质安全的理念体现在他们的设计中，应用系统安全工程的原则和方法，系统地辨识所设计项目中的危险源，预见其危险性；通过本质安全设计和采用恰当的安全防护措施消除、控制危险源，把危险性降低到尽可能小的程度，至少要降低到可接受危险的水平，并把残余危险的情况告知生产经营单位。

　　生产经营单位根据从设计单位、建设单位那里得到的残余危险的信息，制定安全操作规程、程序和作业标准，教育训练操作者，并加强安全文化建设提高操作者的安全素质。

　　生产经营单位根据生产过程中发现的实际问题采取"追加的"安全防护措施，加强对工艺过程、机械设备和装置等的检查和维护，保持安全的生产作业条件。

3.2　第一类危险源评价

　　第一类危险源的危险性主要表现为导致事故而造成后果的严重程度方面。评价第一类危险源的危险性时，主要考察以下几方面情况：

　　（1）能量或危险物质的量。第一类危险源导致事故的后果严重程度主要取决于发生事故时意外释放的能量或危险物质的多少。一般地，第一类危险源拥有的能量或危险物质越多，则发生事故时可能意外释放的量也越多。因此，第一类危险源拥有的能量或危险物质的量是危险性评价中的最重要指标。当然，有时也会有例外的情况，有些第一类危险源拥有的能量或危险物质只能部分地意外释放。

　　（2）能量或危险物质意外释放的强度。能量或危险物质意外释放的强度是指事故发生时单位时间内释放的量。在意外释放的能量或危险物质的总量相同的情况下，释放强度越大，能量或危险物质对人员或物体的作用越强烈，造成的后果越严重。

　　（3）能量的种类和危险物质的危险性质。不同种类的能量造成人员伤害、财物破坏的机理不同，其后果也很不相同。

　　危险物质的危险性主要取决于自身的物理、化学性质。燃烧爆炸性物质的物理、化学性质决定其导致火灾、爆炸事故的难易程度及事故后果的严重程度。工业毒物的危险性主要取决于其自身的毒性大小。

　　（4）意外释放的能量或危险物质的影响范围。事故发生时意外释放的能量或危险物质的影响范围越大，可能遭受其作用的人或物越多，事故造成的损失越大。例如，有毒有害气体泄漏时可能影响到下风侧的很大范围。

　　评价第一类危险源的危险性的主要方法有后果分析和划分危险等级两种方法。

　　后果分析通过详细地分析、计算意外释放的能量、危险物质造成的人员伤害和财物损失，定量地评价危险源的危险性。后果分析需要的数学模型准确程度较高、需要的数据较多、计算复杂，一般仅用于危险性特别大的重大危险源的危险性评价。

　　划分危险等级是一种相对的危险性评价方法。它通过比较危险源的危险性，人为地划分出一些危险等级来区分不同危险源的危险性，为采取危险源控制措施或进行更详细的危险性评价提供依据。一般地，危险等级越高，危险性越高。在我国的国家标准或行业标准中规定了一些种类危险源的危险等级。以下是其中的几例：

　　（1）国家标准《高处作业分级》（GB/T 3608—2008）规定，在坠落高度基准面2m或2m

以上有可能坠落的高处进行的作业称为高处作业。按坠落高度把不存在直接引起坠落的客观危险因素的高处作业（坠落事故危险源）划分为4级：

Ⅰ级 2~5m；

Ⅱ级 5~15m；

Ⅲ级 15~30m；

Ⅳ级 30m以上。

（2）《煤矿安全规程》根据矿井相对瓦斯涌出量、矿井绝对瓦斯涌出量和瓦斯涌出形式，把瓦斯矿井（瓦斯爆炸危险源）划分为3级：

1）低瓦斯矿井。矿井相对瓦斯涌出量小于或等于$10m^3/t$且矿井绝对瓦斯涌出量小于或等于$40m^3/min$。

2）高瓦斯矿井。矿井相对瓦斯涌出量大于$10m^3/t$或矿井绝对瓦斯涌出量大于$40m^3/min$。

3）煤（岩）与瓦斯（二氧化碳）突出矿井。

（3）按压力容器所承受压力的大小把压力容器分为4类：

低压容器 $0.1MPa \leqslant p < 1.6MPa$；

中压容器 $1.6MPa \leqslant p < 10MPa$；

高压容器 $10MPa \leqslant p < 100MPa$；

超高压容器 $p \geqslant 100MPa$。

p为承受压力。

根据压力容器内承受压力的高低和介质的危险性质等，把压力容器（压力容器爆炸危险源）的危险等级划分为3类。

一类容器：

　非易燃或无毒介质的低压容器；

　易燃或有毒介质的低压分离器和换热器。

二类容器：

　中压容器；

　毒性为极度和高度危害介质的低压容器；

　易燃或毒性为中度危害介质的反应容器和低压储存容器；

　低压管壳式余热锅炉；

　低压搪玻璃压力容器。

三类容器：

　高压容器；

　毒性为极度和高度危害介质的中压容器；

　易燃或毒性为中度危害介质且$p \cdot V \geqslant 10MPa \cdot m^3$的中压贮运容器；

　易燃或毒性为中度危害介质且$p \cdot V \geqslant 0.5MPa \cdot m^3$的中压反应容器；

　毒性为极度和高度危害介质且$p \cdot V \geqslant 0.2MPa \cdot m^3$的低压容器；

　高压、中压管壳式余热锅炉；

　中压搪玻璃压力容器；

　各种移动式压力容器；

　容积$V \geqslant 50m^3$的球形储罐；

　容积$V > 5m^3$的低温液体储存容器。

第一类危险源的危险性不同，相应地采取的控制措施也不同。显然，第一类危险源的危险性越大，对控制措施的要求越严格。

3.3　重大危险源

3.3.1　重大工业事故与重大危险源

1993 年国际劳工局通过的《预防重大工业事故公约》中，定义重大工业事故为"在重大危险设施内的一项生产活动中突然发生的，涉及一种或多种危险物质的严重泄漏、火灾、爆炸等导致职工、公众或环境急性或慢性严重危害的意外事故"。它把重大工业事故划分为两大类：

（1）由易燃易爆物质引起的事故。

1）产生强烈热辐射和浓烟的重大火灾；

2）威胁到危险物质，可能使其发生火灾、爆炸或毒物泄漏的火灾；

3）产生冲击波、飞散碎片和强烈热辐射的爆炸。

（2）由有毒物质引起的事故。

1）有毒物质缓慢或间歇性的泄漏；

2）由于火灾或容器损坏引起的毒物逸散；

3）设备损坏造成的毒物在短时间内急剧泄漏；

4）大型储存容器破坏、化学反应失控、安全装置失效等引起的有毒物质大量泄漏。

此前，原欧共体曾经规定化学工业、石油化工企业重大工业事故为：

（1）几秒钟内产生 $5kW/m^2$ 热辐射的火灾；

（2）千克量的剧毒物、吨量的其他毒物、吨量的加压或冷却可燃气体、十吨量的可燃液体等泄漏；

（3）超压 3.448kPa 的蒸气或气体爆炸；

（4）可能损坏建筑物和装置的反应物或爆炸物的爆炸。

3.3.1.1　火灾

火灾是一种失去控制并造成财物损失或人员伤害的燃烧现象。

燃烧是一种放热、发光的化学反应，在燃烧过程中参加燃烧的物质原有的性质发生改变而变成新物质。燃烧反应属于氧化还原反应，参加反应的物质必须包括氧化剂和还原剂。空气中的氧是取之不竭的氧化剂，各种可燃物属于还原剂。燃烧反应的进行还需要引起并维持燃烧的热源，通常把引起燃烧的热源称为引火源，而维持燃烧的热源往往是燃烧自身放出的热量。一般情况下，空气中的氧作为氧化剂到处存在，于是火灾事故危险源是可燃物和引火源。

火灾发生时释放出大量的热能，损坏财物和伤害人员；可燃物质燃烧时消耗大量的氧，使火灾现场的人员缺氧窒息；火灾产生的烟气中含有大量有毒有害物质，使人员中毒。

火灾发生时强烈的热辐射会烧伤人体。人体被烧伤的严重程度取决于热辐射强度和暴露时间，当火灾的辐射热通量一定时，热辐射的强度与人体到热源距离的平方成反比，即人体距热源越近，受到的热辐射越强烈，受到的伤害越严重。一般地，人体受到 $10kW/m^2$ 的热辐射 5s、$30kW/m^2$ 的热辐射 0.4s 以上时就会感到疼痛。火灾的辐射热通量取决于同时燃烧的可燃物的量、可燃物的燃烧热等参数。

火灾烟气的危害程度取决于烟气中有毒有害物质的成分和数量，而它们又取决于燃烧的可燃物的化学成分和燃烧条件（完全燃烧或不完全燃烧）。

3.3.1.2 爆炸

爆炸是物质发生剧烈的物理或化学变化，在瞬间释放出大量能量，发出巨大声响并伴随产生冲击波的现象。

爆炸分为物理爆炸和化学爆炸两类。前者是由于物质的物理变化产生的爆炸，如压力容器在内部介质压力作用下发生的爆炸，炽热的铁水倒入潮湿的铁水包时发生的爆炸。后者是由于物质的化学变化发生的爆炸，如炸药的爆炸，密闭空间中可燃性混合气体遇火源发生的气体爆炸等。

爆炸时物质释放出大量的爆炸能，使爆炸中心处压力急剧增加，巨大的压力可以毁坏坚固的建筑物和设备，严重伤害人员。爆炸中心产生的巨大压力推动周围空气形成爆炸冲击波向外传播，爆炸时的空气冲击波有强大的破坏力和杀伤作用。当空气中冲击波超压达到 0.02 ~ 0.03MPa 时人员就会受伤。距离爆炸源越近，空气冲击波的波阵面超压越大，破坏和杀伤作用越大；随着冲击波在空气中的传播，能量逐渐衰减，破坏和杀伤作用越来越小。

被爆炸破坏的物体的碎片具有很大的动能，可以飞散到很远的地方。飞散的碎片击中人体会造成伤害，造成伤害的严重程度主要取决于碎片具有的动能。据研究，具有 25.5J 动能的碎片击中人体时就可以使人受伤，当动能超过 196J 时可能造成骨折。

3.3.1.3 中毒

中毒是有毒物质进入人体而导致人体某些生理功能或组织、器官受到损坏的现象。

工业生产过程中涉及的有毒物质称为工业毒物。工业毒物主要经过呼吸道和皮肤侵入人体（生活中有经过口和消化道进入人体的情况），被血液携带分布全身，毒害组织和器官。工业毒物对人体的毒害主要表现在以下几个方面：

（1）刺激或破坏皮肤和黏膜。某些工业毒物与皮肤或黏膜接触后刺激或破坏皮肤或黏膜。一些腐蚀性或溶于水后产生腐蚀性物质的脂溶性兼有水溶性的毒物使皮肤或黏膜出现红肿、疼痛、糜烂，导致炎症或水肿。

（2）使神经系统紊乱。一些"亲神经性毒物"使神经系统不正常地兴奋或麻醉，产生植物性神经紊乱，导致内分泌失调而出现全身性症状。

（3）使体内缺氧而窒息性中毒。工业毒物进入人体体内使植物神经紊乱，内分泌失调而供血不足，使组织、器官缺氧而窒息；或使血液中血红蛋白失去携氧功能，或使组织细胞失去接受氧的功能而导致窒息。

（4）抑制酶系统的活性。酶是一些具有特殊结构的蛋白质，起生化催化作用。某些工业毒物进入人体会使酶的一部分结构溶解，蛋白质变性而失去催化功能，导致中毒。

工业毒物的毒性取决于毒物本身的理化特性及剂量、浓度、作用时间，以及人员的健康状况、中毒环境、劳动强度等。目前国内外广泛用半数致死剂量和半数致死浓度来表示毒物的毒性。

国家标准《职业性接触毒物危害程度分级》（GB 5044—85）把工业毒物划分为 4 级：

一级毒物，又称极度危害毒物，如汞、苯、氰化物等；

二级毒物，又称高度危害毒物，如三硝基甲苯、二硫化碳、氯等；

三级毒物，又称中度危害毒物，如苯乙烯、甲醇、硝酸等；

四级毒物，又称轻度危害毒物，如丙酮、氢氧化钠、氨等。

3.3.2 重大危险源的辨识

可能导致重大工业事故的危险源称作重大危险源。

根据重大工业事故的定义，重大危险源是那些一旦泄漏可能导致火灾、爆炸、中毒等重大工业事故的危险物质。实际工作中往往把生产、加工处理、储存这些危险物质的装置看做危险源，称其为重大危险装置。

按国际劳工局的规定，如果相距500m以内且属于同一工厂的全部装置中的危险物质的量超过了临界量表中的规定值，则这些装置被确定为重大危险装置。

目前国内外都是根据危险物质及其临界量表来确定重大工业事故危险源的。表3-2为国际劳工局建议的用以辨识重大危险装置的危险物质及其临界量。

表3-2　用以辨识重大危险装置的危险物质及其临界量

物 质 名 称		数量（>）
一般易燃物质	易燃气体	200t
	高易燃液体	5000t
特种易燃物质	氢	50t
	环氧乙烷	50t
特种炸药	硝酸铵	2500t
	硝酸甘油	10t
	三硝基甲苯	50t
特种有毒物质	丙烯酯	200t
	氨	500t
	氯	25t
	二氧化硫	250t
	硫化氢	50t
	氢氰酸	20t
	二硫化碳	200t
	氟化氢	50t
	氯化氢	250t
	三氧化硫	75t
特种剧毒物质	甲基异氰酸盐	150kg
	光气	750kg

这些危险物质及其临界量是按照"国家级"重大危险源建议的，各国、各地区应该根据具体情况规定各自的危险物质及其临界量，作为重大工业事故危险源辨识依据。

《中华人民共和国安全生产法》定义重大危险源为长期地或临时地生产、加工、搬运、使用或贮存危险物质，且危险物质的数量等于或超过临界量的单元。单元指一个（套）生产装置、设施或场所，或同属一个工厂的且边缘距离小于500m的几个（套）生产装置、设施或场所。

国家标准《重大危险源辨识》（GB 18218—2000）规定，如果一个单元内存在危险物质的数量等于或超过该标准所规定的临界量，即被确定为重大危险源。根据物质的不同特性，重大危险源分为易燃物质、爆炸性物质、活性化学物质和有毒物质4类物质，并规定了各种物质的临界量。

国家标准《危险化学品重大危险源辨识》（GB 18218—2009）修订了《重大危险源辨识》中危险化学品的范围和临界量，将构成重大危险源的危险化学品分为爆炸品、易燃气体、毒性气体、易燃液体、易于自燃物质、遇水放出易燃气体的物质、氧化性物质、有机过氧化物和毒性物质9类物质。该标准给出了各种危险化学品的名称及临界量表（见附录1），表中没有列出的危险化学品的临界量根据其危险特性确定。

在计算单元内存在危险物质的数量时，根据危险物质种类的多少区分为以下两种情况：

（1）单元存在的危险物质为单一品种，则该物质的数量即为单元内危险物质的总量，若等于或超过相应的临界量，则确定为重大危险源。

（2）单元存在的危险物质为多品种时，则按下式计算，若满足下式，则确定为重大危险源：

$$q_1/Q_1 + q_2/Q_2 + \cdots + q_n/Q_n \geqslant 1 \tag{3-1}$$

式中　　q_1，q_2，$\cdots$，q_n——每种危险物质实际存在量，t；

　　　　Q_1，Q_2，$\cdots$，Q_n——与各危险物质相对应的生产场所或贮存区的临界量，t。

3.4　重大危险源控制

重大危险源控制的基本出发点是采取措施保证重大危险装置安全运转，避免发生危险物质和能量的意外释放，以及一旦发生重大工业事故使事故的影响尽可能地小，以保护职工和周围居民的生命和健康，减轻环境污染。

3.4.1　重大危险源控制的技术措施

3.4.1.1　重大危险装置的设计和制造

为了防止危险物质和能量的意外释放，加工处理、储存危险物质的重大危险装置必须有足够的强度，能够承受各种载荷的作用，例如静载荷、动载荷、内部压力或外部压力、腐蚀、巨大温差产生的载荷以及外部冲击载荷等。针对这些载荷，必须采取专门的技术措施设计、制造重大危险装置。

3.4.1.2　重大危险装置的运行控制

在重大危险装置运行过程中，工艺参数如温度、压力、流量等经常发生变化。这不仅影响生产的数量和质量，同时也可能使重大危险装置承受意外的过载而发生事故。因此，必须对重大危险装置运行状况进行控制。

根据重大危险装置运行的具体情况，可以采取手动或自动控制方式，相应地，装备有手动控制系统或自动控制系统。

（1）手动控制系统。当工艺参数超过额定值时，监测装置发出信号，人员采取控制行动。手动控制系统用于控制行动失败时不会发生危险的场合。

（2）自动控制系统。当工艺参数超过额定值时，控制装置自动调节工艺参数使之恢复正常。如果自动控制系统故障可能造成工艺参数达到危险值时，应该增加另外的安全措施，如安全阀、破裂片、溢流槽等。

在这两种控制系统不能有效地防止工艺参数达到危险值，且该危险值会导致重大工业事故发生的场合，应该设置专门的安全系统。

3.4.1.3　安全系统

根据重大危险装置可能出现的危险情况设置专门的安全系统，以消除危险，防止事故发生。专门的安全系统包括防止偏离允许运行条件的系统、安全冗余系统、监测报警系统、防止人失误的技术措施和限制事故后果的技术措施等。

A　防止偏离允许运行条件的系统

常用的防止偏离允许运行条件的系统有减压系统，温度、压力、流量调节系统，防溢系统，紧急停车系统等。

（1）减压系统。减压系统利用安全阀或破裂片排放装置内介质，减轻内部压力。在介质是易燃易爆或有毒物质的场合，不能把介质直接排放到大气中，而应该将其引入排放系统、火炬或洗涤塔中。

（2）温度、压力、流量调节系统。这是利用温度、压力、流量传感元件作检知器的监控系统，控制各工艺参数不达到危险值。

（3）防溢系统。这是防止装置内的液体介质过满而溢出的安全系统。例如，液位控制装置可以及时切断液体供给或开通旁路将其转移，防止溢出。

（4）紧急停车系统。紧急停车系统可在危急情况下迅速停止装置运行，使装置处于低能量的安全状态。

B　安全冗余系统

一些与重大危险装置安全运行密切相关的设备，如控制装置的供电系统、仪表的压缩空气供应系统或惰性气体供应系统中的重要设备、重要元件应该有备用等冗余措施，构成冗余系统，以提高这些系统运行的可靠性，防止故障发生。

C　监测报警系统

监测报警系统可以早期发现重大危险装置运行过程中出现的各种故障，提醒操作者及时采取措施排除故障。常用的监测报警系统如下：

（1）工艺参数（温度、压力、流量等）监测报警系统；

（2）与重大危险装置安全运行密切相关的设备的故障监测报警系统；

（3）泄漏监测报警系统；

（4）火烟监测报警系统；

（5）安全装置监测报警系统等。

D　防止人失误的技术措施

操作人员在操作过程中发生失误，可能使重大危险装置进入危险状态，必须采取防止人失误的技术措施。常用的防止人失误的技术措施有如下几种：

（1）在装运站使用不同尺寸的接头，防止可以相互反应的物质混合；

（2）采用特殊标记、包装，进行分析检验等，防止物质相混淆；

（3）将开关与安全阀联锁，防止它们同时动作；

（4）控制盘上的开关、按钮和显示器有明显标记；

（5）采用专用通信设备，防止传达指令失误；

（6）安装防护装置，防止开关被误操作；

（7）培训人员等。

E　限制事故后果的技术措施

重大危险装置一旦发生事故，就应该采取措施努力限制事故影响范围，减轻事故后果。常用的限制事故后果的技术措施如下：

（1）气体检测器，用于检测逸出的气体；

（2）水喷淋系统，用于冷却邻近装置和灭火；

（3）水枪系统；

（4）蒸汽幕系统；

（5）消防泡沫系统；

（6）收集罐等。

3.4.2 本质安全设计与安全防护

3.4.2.1 本质安全设计

本质安全设计（inherently safe design）是实现本质安全的一种技术理念，被广泛应用于各个工程技术领域。本质安全设计作为危险源控制的基本方法，通过选择安全的物料、工艺路线、机械设备、装置等，在源头上消除或控制危险源，而不是依赖"附加的"安全防护措施或管理措施去控制它们。

1974 年，英国的克莱兹（Trevor Kletz）提出了过程工业本质安全设计的理念。在弗里克斯保罗（Flixborough）、塞维索（Seveso）等重大工业事故之后，本质安全设计的理念在化工、石油化工领域受到广泛重视。1996 年，欧盟颁布的《塞维索指令 Ⅱ》要求作为重大危险源的重大危险设施优先采用本质安全设计。

化工、石油化工等过程工业领域的主要危险源是易燃、易爆、有毒有害的危险物质，相应地涉及生产、加工、处理它们的工艺过程和生产装置。1985 年克莱兹把工艺过程的本质安全设计归纳为消除、最小化、替代、缓和及简化 5 项技术原则。

（1）消除（elimination）：消除危险物质。

（2）最小化（minimization）：减少危险物质的量。由于减少了危险物质的存量，"没什么可漏的（what you don't have can't leak）"，即使发生意外泄漏也不会造成什么后果。

（3）替代（substitution）：选择不太危险的化学反应，或用不太危险的物质替换危险物质。

（4）缓和（moderation）：使用危险性小的形态的物料，或改变工艺条件，如降低温度、压力或流量等。

（5）简化（simplification）：减少装置设计和操作的复杂度可以由于较少的设备故障和人失误而使事故不易发生。

应该注意，采用"消除"原则时人们只能消除某种或某几种选定的危险物质，而不能消除所有危险物质。特别是，许多物质的某种危险特性往往也是我们将要加以利用的特性，如可燃性物质虽然可能发生火灾、爆炸，却可以为我们提供能源，我们不能将其消除。因此，有些文献中只提后面的 4 项原则。

过程工业生产装置本质安全设计的技术原则主要有：

（1）避免产生多米诺效应（avoiding knock-on effects）。

（2）使得不正确的安装不能进行（making incorrect assembly impossible）。

（3）使状态清楚（making status clear）：使操作者清楚了解装置、设备的状态。

（4）容错（tolerance）：容忍操作失误、安装不良和设备故障。

（5）容易控制（ease of control）：采用较少的仪表和较简单的控制系统。

（6）软件（software）：软件简单便于使用和理解，所有装置的控制系统的软件应该一致等。

安全是相对的，危险是绝对的，理想状态的本质安全在现实中并不存在。经过本质安全设计后虽然系统中的危险源被消除、控制了，但是仍然有危险源和一定的危险性，即有"残余危险（residual risk）"。于是，有人建议使用术语"本质较安全设计（inherently safer design）"取代"本质安全设计"，提醒人们不要产生误解。

进行本质安全设计首先要通过系统安全分析辨识系统中可能出现的危险源，然后针对辨识出来的危险源选择消除、控制危险源效果最好的技术方案，并在工程设计中体现出来。不同的工程技术领域需要消除、控制的危险源不同，采取的具体技术原则也不尽相同。

3.4.2.2 防护层

经过本质安全设计后系统中的残余危险性往往高于可接受的危险性水平，仍然需要采取安全防护措施进一步降低系统的危险性。

核电站在运用系统安全工程实现系统安全的过程中，逐渐形成了"纵深防御（defense-in-depth）"的理念。为了确保核电站的安全，在本质安全设计的基础上采用了多重安全防护策略，建立了4道屏障和5道防线。核安全领域的纵深防御理念对其他领域也产生了深刻的影响。

20世纪80年代，美国化工过程安全中心（CCPS）提出了防护层（layer of protection，LP）的概念。针对本质安全设计之后的残余危险设置若干层防护层，使过程危险性降低到允许的水平。防护层中往往既有被动防护措施也有主动防护措施。

图3-1为国际电工标准《功能安全——过程工业安全仪表系统》（IEC 61511）中介绍的典型的过程工业防护层。在工艺本质安全设计的基础上设置了6个防护层：

（1）基本过程控制系统。这是保证系统正常运行的过程控制系统，包括各种过程操作、程序控制（如温度控制系统）等措施，它将保证系统处于正常工作状态。

（2）监测报警系统。当某个或多个参数超过规定值时报警，提醒操作者采取恰当操作以防止过程进入危险状态。

（3）安全仪表系统。该系统由传感器、逻辑模块和执行部分组成。紧急关闭系统就

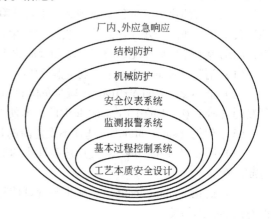

图3-1 过程工业防护层

是最常见的安全仪表控制系统之一。安全仪表控制系统不仅可以预防危险事件的发生，也可以降低事故后果。

（4）机械防护。安全阀、泄压阀、放散阀、爆破片等防护机械，在前面的几个防护层失效的情况下，可以起到预防事故发生的作用。

（5）结构防护。各种防护堤、防护沟、防爆墙等各类结构性防护措施，通过切断对水源、土壤、地下水、大气的污染，起到降低事故后果的作用。

（6）程序防护。事故发生后的各种应急救援行动，包括企业内的应急和企业外的应急。企业外应急是指企业之外的社会应急。

其中，机械防护和结构防护都属于物理防护，前者是在危险物质事故释放前就发挥作用的防护措施，属于主动防护措施；后者是在危险物质事故释放后才发挥作用的防护措施，属于被动防护措施。因此，它们也被称为主动物理防护和被动物理防护。

防护层的安全防护性能，即防护层发挥安全防护机能的情况对控制残余危险起着十分重要的作用。因此，必须针对残余危险性的大小设置充分、可靠的防护层。并且，防护层之间应该相互独立以防止多个防护层同时或相继失去防护作用。

3.4.3 重大危险源控制的管理措施

管理措施是重大危险源控制措施的重要组成部分，它包括企业内部的管理措施和政府的管理措施两部分。

3.4.3.1 企业的管理措施

企业应该对重大危险源登记建档，进行定期检测、评估、监控并制定应急救援预案，告知从业人员和相关人员在紧急情况下应当采取的应急措施，并按照国家有关规定将本单位重大危险源及有关措施、应急措施报地方人民政府负责安全生产监督管理的部门和有关部门备案。

（1）掌握本单位重大危险源的分布情况，预测发生重大工业事故的可能性及其严重度；

（2）建立重大危险源变更管理制度，生产工艺、设备、材料、生产过程等因素发生变化之前必须进行系统安全分析和危险性评价；

（3）建立对重大危险源的定期检查制度和巡检制度，掌握重大危险源的动态变化情况；

（4）加强安全教育和培训，提高职工安全意识和操作技能。操作人员必须掌握工艺过程和物质的危险性，重大危险装置运行条件、开车和停车的操作程序，可能发生的故障或事故，以及同类装置的事故教训等；

（5）制定应急预案，配备必要的应急器材与工具，每年至少进行一次应急演练。

3.4.3.2 政府的管理措施

政府在重大危险源控制方面负有重要的监督管理责任。

（1）开展重大危险源普查登记，摸清底数，掌握重大危险源的数量、状况和分布情况，建立重大危险源数据库和定期报告制度；

（2）开展重大危险源安全评估，对重要的设备、设施以及生产过程中的工艺参数、危险物质进行定期检测，建立重大危险源评估监控的日常管理体系；

（3）建立重大工业事故应急救援体系，制定和执行区域应急救援预案；

（4）向周围居民通报重大危险源及其可能导致重大工业事故的情况，告诉居民们一旦发生重大工业事故时应该采取的行动。

3.5 重大工业事故后果分析

后果分析（consequence analysis）是重大工业事故危险源危险性评价的一部分，其目的在于定量地描述重大工业事故后果的严重程度。它为企业或企业主管部门提供关于重大工业事故后果的信息和如何应付重大工业事故的信息，为设计者提供如何采取措施减轻事故影响的信息，使操作者和周围居民了解他们面临的潜在危险和企业已经采取的重大危险源控制措施。

后果分析的基本步骤包括：

（1）了解系统；

（2）设想重大工业事故危险源导致事故及其后果的情况；

（3）选择恰当的数学模型计算事故后果的有关参数；

（4）与相应参数的允许值相比较；

（5）讨论并得出分析结论。

重大工业事故的发生几乎都是由作为重大工业事故危险源的易燃、易爆、有毒有害物质的泄漏引起的。因此，后果分析往往是从对物质泄漏的分析开始的，然后研究泄漏出的物质的流动、扩散以及火灾、爆炸、中毒事故造成人员伤亡和财产损失的情况。

3.5.1 泄漏

3.5.1.1 泄漏设备情况及泄漏后果分析

A 泄漏设备情况

化工生产过程中利用的设备种类繁多，根据泄漏情况可以把容易发生泄漏的设备归纳分类。例如，世界银行国际信贷公司（IFC）编写的《工业污染事故评价技术手册》中，把化工生产过程中的设备归纳为管道、挠性联结器、过滤器、阀门、压力容器或反应罐、泵、压缩机、储罐、加压或冷冻气体容器，以及火炬燃烧器或放散管共 10 类。然后，研究各类设备典型损坏情况及相应的裂口尺寸，供后面的分析参考。

B 泄漏后果

泄漏后果与泄漏物质的相态、压力、温度、燃烧性、毒性等性质有关。

重大工业事故后果分析中考虑的泄漏物质主要有常压液体、加压液化气体、低温液化气体、加压气体 4 种。

泄漏物质的危险性质不同，泄漏后果也不同。重大工业事故后果分析中主要考虑可燃气体泄漏、有毒气体泄漏和液体泄漏 3 种情况。

（1）可燃气体泄漏。可燃气体泄漏后与空气混合，达到燃烧界限遇到引火源就会发生燃烧或爆炸。可燃气体泄漏后可能立即发火也可能滞后发火。泄漏后立即发火的场合，发生扩散燃烧，产生喷射性火焰或火球，影响范围较小。泄漏后滞后发火的场合，泄漏的可燃气体与周围空气混合形成可燃气云团，遇到引火源发生爆燃或爆炸，影响范围较大。

（2）有毒气体泄漏。有毒气体泄漏后形成云团在空气中扩散，有毒气体浓度较大的浓密云团笼罩很大范围，影响范围较大。

（3）液体泄漏。一般情况下，泄漏的液体在空气中蒸发生成气体，泄漏后果取决于液体蒸发生成的气体量。常温常压液体泄漏后聚集在防液堤内或地势低洼处形成液池，液体表面缓慢蒸发；加压液化气体泄漏后瞬间迅速气化，没来得及蒸发的液体形成液池，吸收周围热量继续蒸发；低温液体泄漏后形成液池，吸收周围热量蒸发，液体蒸发速度低于泄漏速度。

3.5.1.2 泄漏量计算

准确计算泄漏量是研究泄漏物质扩散的基础。

当发生泄漏的设备裂口规则、裂口尺寸已知，泄漏物质的热力学、物理化学性质及参数已知时，可以根据流体力学中的有关公式计算泄漏量。当裂口不规则时，采用等效尺寸计算；考虑泄漏过程中压力变化等情况时，往往采用经验公式计算泄漏量。

A 液体泄漏量

可以根据流体力学的伯努利方程计算单位时间内液体泄漏量，即泄漏速度：

$$Q_0 = C_d A \rho \sqrt{\frac{2(p - p_0)}{p} + 2gh} \tag{3-2}$$

式中　Q_0——液体泄漏速度，kg/s；

　　　C_d——液体泄漏系数，按表 3-3 选取；

　　　A——裂口面积，m^2；

　　　ρ——泄漏液体密度，kg/m^3；

　　　p——设备内物质压力，Pa；

　　　p_0——环境压力，Pa；

g——重力加速度，$9.8\,\mathrm{m/s^2}$；

h——裂口之上液位高度，m。

表 3-3　液体泄漏系数

雷诺数（Re）	裂　口　形　状		
	圆形（多边形）	三角形	长方形
>100	0.65	0.60	0.55
≤100	0.50	0.45	0.30

式（3-2）表明，常压下液体泄漏速度取决于裂口之上液位高度，非常压下液体泄漏速度主要取决于设备内物质压力与环境压力之差。

当液体是过热液体，即液体沸点低于周围介质温度时，液体经过裂口时由于压力降低而突然蒸发，蒸发吸收热量使设备内剩余液体温度降到常压沸点以下。这种场合，可以按式（3-3）计算泄漏时直接蒸发的液体所占百分比 F：

$$F = c_p \cdot \frac{T - T_0}{H} \tag{3-3}$$

式中　c_p——液体的比定压热容，$\mathrm{J/(kg \cdot K)}$；

　　　T——泄漏前液体的温度，K；

　　　T_0——常压下液体的沸点，K；

　　　H——液体的蒸发热，$\mathrm{J/kg}$。

泄漏时直接蒸发的液体以细小烟雾的形式形成云团，与空气混合而吸收热量蒸发。如果空气传给液体烟雾的热量不足以使其蒸发，则烟雾将凝结成液滴降落到地面，形成液池。据经验，当 $F > 0.2$ 时一般不会形成液池。

B　气体泄漏量

当气体从设备裂口泄漏时，其泄漏速度与气体的流动状态有关。因此，需要首先判断泄漏时气体流动属于亚声速流动还是声速流动，前者称为次临界流，后者称为临界流。

当有下式成立时，气体流动属于亚声速流动：

$$\frac{p_0}{p} < \left(\frac{2}{\gamma + 1}\right)^{\frac{\gamma}{\gamma - 1}} \tag{3-4}$$

当有下式成立时，气体流动属于声速流动：

$$\frac{p_0}{p} \geqslant \left(\frac{2}{\gamma + 1}\right)^{\frac{\gamma}{\gamma - 1}} \tag{3-5}$$

式中　γ——比定压热容 c_p 与比定容热容 c_V 之比，$\gamma = \dfrac{c_p}{c_V}$；

p、p_0 的意义同前。

当气体以声速流动时，气体泄漏速度 Q_0 为：

$$Q_0 = YC_\mathrm{d}A\rho \sqrt{R\gamma\left(\frac{2}{\gamma + 1}\right)T\left(\frac{2}{\gamma + 1}\right)^{\frac{1}{\gamma - 1}}} \tag{3-6}$$

当气体以亚声速流动时，气体泄漏速度 Q_0 为：

$$Q_0 = YC_dA \sqrt{p\rho\gamma \left(\frac{2}{\gamma + 1}\right)^{\frac{\gamma+1}{\gamma-1}}} \qquad (3\text{-}7)$$

式中　C_d——气体泄漏系数，当裂口形状为圆形时取 1.00，三角形时取 0.95，长方形时
　　　　　　取 0.90；

　　　　ρ——气体密度，kg/m^3；

　　　　R——气体常数，$J/(mol \cdot K)$；

　　　　T——气体温度，K；

　　　　Y——气体膨胀因子，气体以声速流动时取 $Y=1$；气体以亚声速流动时

$$Y = \sqrt{\left(\frac{2}{\gamma - 1}\right)\left(\frac{\gamma + 1}{2}\right)^{\frac{\gamma+1}{\gamma-1}}\left(\frac{p}{p_0}\right)^{\frac{2}{\gamma}}\left[1 - \left(\frac{p_0}{p}\right)^{\frac{\gamma-1}{\gamma}}\right]} \qquad (3\text{-}8)$$

　　在随着泄漏设备内物质减少而气体泄漏速度变化的场合，泄漏速度计算比较复杂，可以计
算其等效泄漏速度。

　　C　两相流泄漏量

　　过热液体发生泄漏可能会出现液、气两相流动。可以按式（3-9）计算均匀两相流的泄漏
速度 Q_0：

$$Q_0 = C_dA \sqrt{2\rho(p - p_c)} \qquad (3\text{-}9)$$

式中　C_d——两相流泄漏系数，按表 3-3 选取；

　　　　A——裂口面积，m^2；

　　　　p——两相混合物压力，Pa；

　　　　p_c——临界压力，Pa，可取 $p_c = 0.55p$；

　　　　ρ——两相流的平均密度，kg/m^3。

　　ρ 可由下式计算：

$$\rho = \frac{1}{\dfrac{F_v}{\rho_1} + \dfrac{1 - F_v}{\rho_2}} \qquad (3\text{-}10)$$

式中　ρ_1——液体蒸发的蒸气密度，kg/m^3；

　　　　ρ_2——液体密度，kg/m^3；

　　　　F_v——蒸发的液体占液体总量的比例。

　　F_v 可由下式计算：

$$F_v = \frac{c_p(T - T_c)}{H} \qquad (3\text{-}11)$$

式中　c_p——两相混合物的比定压热容，$J/(kg \cdot K)$；

　　　　T——两相混合物的温度，K；

　　　　T_c——临界温度，K；

　　　　H——液体的蒸发热，J/kg。

　　当 $F_v > 1$ 时，液体将全部蒸发变为气体，应该按气体泄漏处理；当 F_v 很小时，则可近似
地按液体泄漏处理。

3.5.2　扩散

　　危险物质从设备中泄漏出来后，将向周围扩散。液体泄漏后形成液池；液体蒸发形成的蒸

气、泄漏的气体将在大气中形成弥散的气团（或称蒸气云）逐渐扩散。

3.5.2.1　泄漏后的扩散

A　液体蒸发

液体危险物质离开设备后沿地面流动直到低洼处或人工边界（如防液堤），形成液池。液体离开裂口后就不断蒸发，当蒸发速度与泄漏速度相等时，液池中的液体量将维持不变。如果泄漏液体是挥发性液体或低沸点液体，则大量蒸气在液池上面形成蒸气云。

a　液池面积

如果泄漏的液体已经到达人工边界（如防液堤），则液池面积即为人工边界围成的面积。如果泄漏的液体没有到达人工边界，可以假设液体以泄漏点为中心呈扁圆柱形沿光滑的地面向外扩散，这时可按下式计算液池半径 r：

泄漏时间不超过30s的瞬时泄漏的场合

$$r = \left(\frac{8mg}{\pi p}\right)^{\frac{1}{4}} \tag{3-12}$$

泄漏持续10min以上的连续泄漏的场合

$$r = \left(\frac{32mg}{\pi p}\right)^{\frac{1}{4}} \tag{3-13}$$

式中　m——泄漏液体的质量，kg；

　　　g——重力加速度，9.8m/s^2；

　　　p——设备内液体压力，Pa。

b　蒸发量

液体蒸发分为闪蒸、热量蒸发、质量蒸发三种情况。根据液体蒸发的具体情况选择相应的公式计算液池液体蒸发量。

（1）闪蒸。过热液体泄漏后由于液体自身的热量而直接地迅速蒸发称为闪蒸。发生闪蒸时液体蒸发速度 Q_1 可按式（3-14）计算：

$$Q_1 = \frac{F_v m}{t} \tag{3-14}$$

式中　F_v——直接蒸发的液体占液体总量的比例；

　　　m——泄漏液体的质量，kg；

　　　t——闪蒸时间，s。

（2）热量蒸发。液池内的液体受到地面热量的作用而气化称为热量蒸发。如果闪蒸不完全，即 $F_v < 1$ 或 $Qt < m$ 的场合，则发生热量蒸发。热量蒸发时液体蒸发速度 Q_1 为：

$$Q_1 = \frac{KA_1(T_0 - T_b)}{H\sqrt{\pi at}} + \frac{K}{H}Nu\frac{A_1}{L}(T_0 - T_b) \tag{3-15}$$

式中　A_1——液池面积，m^2；

　　　T_0——环境温度，K；

　　　T_b——液体沸点，K；

　　　H——液体的蒸发热，J/kg；

　　　L——液池长，m；

　　　a——热扩散率，m^2/s；

K——导热系数，W/（m·K）；

t——蒸发时间，s；

Nu——努塞尔（Nusselt）数。

热量蒸发与地面情况有关。表3-4列出了一些地面情况的K、a值。

表3-4　地面的K、a值

地面情况	$K/W·(m·K)^{-1}$	$a/m^2·s^{-1}$
水　泥	1.1	1.29×10^{-7}
土地（含水8%）	0.9	4.3×10^{-7}
干涸土地	0.3	2.3×10^{-7}
湿　地	0.6	3.3×10^{-7}
沙砾地	2.5	1.1×10^{-7}

（3）质量蒸发。液体表面之上气流运动使液体蒸发称为质量蒸发。随着地面向液体传热减少，热量蒸发逐渐减弱，当地面传热停止时，液体分子的迁移作用使液体蒸发。在这种场合，液体蒸发速度Q_1为：

$$Q_1 = \alpha Sh \frac{A}{L} \rho_1 \tag{3-16}$$

式中　α——分子扩散系数，m^2/s；

　　　Sh——舍伍德（Sherwood）数；

　　　A——液池面积，m^2；

　　　L——液池长，m；

　　　ρ_1——液体密度，kg/m^3。

B　射流扩散

气体从裂口连续泄漏时形成气体射流，一般情况下，泄漏气体的压力高于周围环境大气压力，温度低于环境温度。根据射流公式可以计算距裂口某一距离处的气体浓度值。

在进行射流计算时，应该以等价射流孔口直径来计算。当裂口直径为D_0时，等价射流孔口直径D为：

$$D = D_0 \sqrt{\frac{\rho_0}{\rho}} \tag{3-17}$$

式中　ρ_0——泄漏气体密度，kg/m^3；

　　　ρ——周围环境条件下气体密度，kg/m^3。

如果泄漏瞬间气体便达到周围环境的压力、温度状况，即$\rho_0 = \rho$，则等价射流孔口直径等于裂口直径。

在射流轴线上距孔口x处的气体浓度$C(x)$为：

$$C(x) = \frac{\dfrac{b_1 + b_2}{b_1}}{0.32 \dfrac{x}{D} \cdot \dfrac{\rho}{\sqrt{\rho_0}} + 1 - \rho} \tag{3-18}$$

式中，b_1、b_2是分布函数：

$$b_1 = 50.5 + 48.2\rho - 9.95\rho^2$$

$$b_2 = 23.0 + 41.0\rho$$

在过射流轴线上点 x 且垂直于射流轴线的平面内任一点处的气体浓度 $C(x, y)$ 为：

$$C(x, y) = C(x) e^{-b_2 \left(\frac{y}{x} \right)^2}$$ (3-19)

式中　$C(x)$——射流轴线上距孔口 x 处的气体浓度；

　　　b_2——分布函数，同前；

　　　y——对象点到射流轴线的距离，m。

随着距孔口距离的增加，射流轴线上一点的气体运动速度减少，直到等于周围的风速为止，此后的气体运动就不符合射流规律了。

在后果分析时需要计算出射流轴线上速度等于周围风速的临界点，以及该点处气体浓度（临界浓度）。

射流轴线上距孔口 x 处一点的速度 $U(x)$ 为：

$$\frac{U(x)}{U_0} = \frac{\rho_0}{\rho} \cdot \frac{b_1}{4} \left(0.32 \frac{x}{D} \cdot \frac{\rho}{\rho_0} + 1 - \rho \right) \cdot \left(\frac{D}{x} \right)^2$$ (3-20)

式中　ρ_0——泄漏气体密度，kg/m^3；

　　　ρ——周围环境条件下气体密度，kg/m^3；

　　　D——等价射流孔口直径，m；

　　　b_1——分布函数，同前；

　　　U_0——射流初速度，等于气体泄漏时流经裂口时的速度，m/s。

$$U_0 = \frac{Q_0}{C_d \rho \pi \left(\frac{D_0}{2} \right)^2}$$ (3-21)

式中　Q_0——气体泄漏速度，kg/s；

　　　C_d——气体泄漏系数；

　　　D_0——裂口直径，m。

当临界点处的临界浓度小于允许浓度时，只需要按射流扩散来计算扩散情况；当临界点处的临界浓度大于允许浓度时，还需要进一步分析泄漏气体此后在大气中扩散的情况。

C　绝热扩散

在液体闪蒸或加压气体瞬时泄漏的场合，气体扩散属于绝热扩散过程，可以根据绝热扩散公式计算气团各处的气体浓度。

在绝热扩散的场合，泄漏气体（或液体闪蒸形成的蒸气）呈半球形向外扩散。根据浓度分布情况把半球分成两层：内层浓度分布均匀，拥有50%的泄漏量；外层浓度呈高斯分布，拥有另50%的泄漏量。

绝热扩散过程分为两个阶段：首先气团向外扩散，压力达到大气压力；然后与周围空气掺混，范围扩大，当内层扩散速度低到一定程度时，认为扩散过程结束。

a　气团扩散能

在气团扩散的第一阶段，泄漏气体（或蒸气）的内能一部分用来增加动能，对周围大气做功。假设该阶段为可逆绝热过程，并且等熵。

（1）气体泄漏的场合。根据气团内能的变化得到扩散能 E 的计算公式：

$$E = c_V (T_1 - T_2) - p_0 (V_2 - V_1)$$ (3-22)

式中　c_V——比定容热容，$J/(kg \cdot K)$；

p_0——环境压力，Pa；

T_1——气团初始温度，K；

T_2——气团在压力降到大气压力时的温度，K；

V_1——气团初始体积，m^3；

V_2——气团在压力降到大气压力时的体积，m^3。

（2）闪蒸液体泄漏的场合。按下式计算蒸气团扩散能 E：

$$E = H_1 - H_2 - (p - p_0)V_1 - T_b(S_1 - S_2) \tag{3-23}$$

式中　H_1——泄漏液体初始焓，J；

H_2——泄漏液体最终焓，J；

p——初始压力，Pa；

p_0——环境压力，Pa；

V_1——初始体积，m^3；

T_b——液体沸点，K；

S_1——液体蒸发前的熵，J/（kg·K）；

S_2——液体蒸发后的熵，J/（kg·K）。

b　气团半径与浓度

在扩散能的推动下气团向外扩散，并与周围空气发生紊流掺混，气团半径与浓度随着时间变化。

（1）气团内层半径与浓度。随着时间的推移气团内层半径 R_1 和浓度 C_1 变化规律为

$$R_1 = 1.36\sqrt{4K_d t} \tag{3-24}$$

$$C_1 = \frac{0.0478V_0}{\sqrt{(4K_d t)^3}} \tag{3-25}$$

式中　t——扩散时间，s；

V_0——在标准温度、压力下气体的体积，m^3；

K_d——紊流扩散系数，按下式计算：

$$K_d = 0.0137\sqrt[3]{V_0} \cdot \sqrt{E} \cdot \left(\frac{\sqrt[3]{V_0}}{t\sqrt{E}}\right)^{\frac{1}{4}} \tag{3-26}$$

设扩散结束时扩散速度（dR_1/dt）为 1m/s，则在扩散结束时内层半径和浓度可按下列公式计算：

$$R_1 = 0.08837E^{0.3}\sqrt[3]{V_0} \tag{3-27}$$

$$C_1 = 172.95E^{-0.9} \tag{3-28}$$

（2）气团外层半径与浓度。根据试验观察，气团外层半径 R_2 与内层半径 R_1 之间有如下规律性：

$$R_2 = 1.456R_1 \tag{3-29}$$

气体浓度自内层向外呈高斯分布。

3.5.2.2　气团在大气中的扩散

液体、气体泄漏后在泄漏源附近扩散，在工厂上方形成气团，气团将进一步扩散，影响厂

外广大区域。因此，气团在大气中扩散情况是重大工业事故后果分析的重要内容。

气团在大气中的扩散情况与气团自身性质有关。当气团密度大于空气密度时，气团将沿地面扩散，危害很大。在后果分析中主要考虑密度接近或大于空气密度的气团。

气团的扩散还受大气稳定度（描述大气对流情况的参数，主要取决于太阳辐射等）、风速、风向、地表粗糙度（反映地表地形建筑物影响风流局部紊流情况的参数）等因素影响，呈现十分复杂的函数关系。

利用高斯气羽模型可以计算气羽状气团中任一点处的气体浓度；利用高斯气团模型可以计算瞬时泄漏形成的气团中任一点处的气体浓度。

A　高斯气羽模型

高斯气羽模型用于计算浓度分布呈高斯分布的中等浓度（接近于空气密度）气羽状气团中任一点的浓度。气羽状气团扩散情况与周围风速 u、垂直扩散系数 σ_z 和大气混合层高度 H_0 有关。

（1）在连续泄漏，风速 $u > 1\text{m/s}$，且 $\sigma_z \leqslant 1.6H_0$ 的场合，以泄漏源为原点，风向为 x 轴的空间坐标系中一点 (x, y, z) 处的浓度为：

$$C(x,y,z) = \frac{Q_0}{2\pi u \sigma_y \sigma_z} \mathrm{e}^{-\frac{y^2}{2\sigma_y^2}} \cdot \left[\mathrm{e}^{-\frac{(z-H)^2}{2\sigma_z^2}} + \mathrm{e}^{-\frac{(z+H)^2}{2\sigma_z^2}} \right] \tag{3-30}$$

式中　Q_0——泄漏速度，kg/s；

　　　u——风速，m/s；

　　　σ_x——侧风向扩散系数，m；

　　　σ_y——下风向扩散系数，m；

　　　σ_z——垂直风向扩散系数，m；

　　　H——有效源高度，它等于泄漏高度与抬升高度（离开泄漏源后气体逐渐升高）之和，m。

当 $H \leqslant H_0$ 且 $\sigma_z > 1.6H_0$ 时，浓度计算公式为：

$$C(x,y,z) = \frac{Q_0}{\sqrt{2\pi} u \sigma_y H_0} \mathrm{e}^{-\frac{y^2}{2\sigma_y^2}} \tag{3-31}$$

当 $H > H_0$ 时，地面浓度为零。

（2）在连续泄漏，风速 u 为 $0.5\text{m/s} < u < 1\text{m/s}$ 的场合，把连续泄漏看做是 Δt 时间内泄漏速度为 Q_0 的瞬时泄漏的叠加，于是可以按下式计算一点 (x, y, z) 处的浓度：

$$C(x,y,z) = \int_0^\infty C'(x,y,z)\,\mathrm{d}t \tag{3-32}$$

$$C'(x,y,z) = \frac{Q_0}{(2\pi)^{\frac{3}{2}} \sigma_x \sigma_y \sigma_z} \mathrm{e}^{-\frac{(x-ut)^2}{2\sigma_x^2}} \cdot \mathrm{e}^{-\frac{y^2}{2\sigma_y^2}} \cdot \left[\mathrm{e}^{-\frac{(z-H)^2}{2\sigma_z^2}} + \mathrm{e}^{-\frac{(z+H)^2}{2\sigma_z^2}} \right]$$

（3）在连续泄漏，风速 $u < 0.5\text{m/s}$ 的场合，假设气团围绕泄漏源浓度均匀分布，则距泄漏源 r 处地面浓度为：

$$C'(x,y,z) = \frac{2Q_0}{(2\pi)^{\frac{3}{2}}} \cdot \frac{b}{b^2 r^2 + a^2 H^2} \cdot \mathrm{e}^{\frac{b^2 r^2 + a^2 H^2}{2a^2 b^2 m^2 \Delta^2}} \tag{3-33}$$

式中　r——地面上一点到泄漏源的距离，m；

　　a，b——扩散系数；

　　m，Δ——静风持续时间，$\Delta = 3600s$，m 取值 1，2，3…。

　　B　高斯气团模型

　　在瞬时泄漏的场合，气团内任意一点的浓度是时间的函数，可以用高斯气团模型来描述。

　　（1）在瞬时泄漏，风速 $u > 0.5 \text{m/s}$ 的场合，一点 (x, y, z) 处在 t 时刻（泄漏瞬间 $t = 0$）的浓度：

$$C(x,y,z,t) = \frac{Q_0}{(2\pi)^{\frac{3}{2}}\sigma_x\sigma_y\sigma_z} e^{-\frac{(x-ut)^2}{2\sigma_x^2}} \cdot e^{-\frac{y^2}{2\sigma_y^2}} \cdot \left[e^{-\frac{(z-H)^2}{2\sigma_z^2}} + e^{-\frac{(z+H)^2}{2\sigma_z^2}} \right] \quad (3\text{-}34)$$

式中符号意义同前。

　　（2）在非定常泄漏，即泄漏速度随时间变化的场合，把式（3-32）中的泄漏速度 Q_0 用 $Q(t)$ 代替，采用积分模型计算一点 (x, y, z) 处在 t 时刻的浓度：

$$C(x,y,z) = \int_0^\infty C'(x,y,z) \mathrm{d}t \quad (3\text{-}35)$$

$$C'(x,y,z,t) = \frac{Q(t)}{(2\pi)^{\frac{3}{2}}\sigma_x\sigma_y\sigma_z} e^{-\frac{(x-ut)^2}{2\sigma_x^2}} \cdot e^{-\frac{y^2}{2\sigma_y^2}} \cdot \left[e^{-\frac{(z-H)^2}{2\sigma_z^2}} + e^{-\frac{(z+H)^2}{2\sigma_z^2}} \right]$$

3.5.3　事故后果估计

　　在气团扩散计算的基础上估计火灾、爆炸、中毒事故造成人员伤亡、财产损失情况。

3.5.3.1　火灾

　　火灾通过热辐射的方式影响周围环境。当火灾产生的热辐射强度足够大时，可以使周围的物体燃烧或变形；强烈的热辐射可能烧死、烧伤人员，烧毁、烤毁设备。

　　人员或设备、物体受到热辐射造成伤害或损坏情况取决于辐射热的多少。在估计火灾后果时，可以根据单位表面积受到热辐射能量的大小，也可以按照单位表面积受到热辐射功率的大小，即入射热辐射通量来计算热辐射量。表3-5列出了不同入射通量的热辐射造成的后果。

表3-5　不同入射通量的热辐射造成的后果

入射通量/kW·m^{-2}	对设备的损害	对人的损害
37.5	设备全部损坏	1% 死亡/10s 100% 死亡/1min
25.0	在无火焰、长时间辐射下木材燃烧的最小能量	重大损伤/10s 100% 死亡/1min
12.5	有火焰时木材燃烧、塑料熔化的最低能量	1 度烧伤/10s 1% 死亡/1min
4.0		20s 以上感觉疼痛，未必起泡
1.6		长期辐射无不适

　　泄漏的易燃液体、气体遇到引火源后会被点燃而发火燃烧，其燃烧方式有池火（pool fire）、喷射火（jet fire）、火球（fire ball）和突发火（flash fire）4 种。

　　A　池火

　　可燃液体泄漏到地面后形成液池，或覆盖水面，遇到引火源燃烧形成池火。

a 燃烧速度

当液池中的液体沸点高于周围环境温度时，液池表面上单位面积的燃烧速度$\dfrac{\mathrm{d}m}{\mathrm{d}t}$为：

$$\frac{\mathrm{d}m}{\mathrm{d}t} = \frac{0.001H_c}{c_p(T_b - T_0) + H} \tag{3-36}$$

式中 H_c——液体的燃烧热，J/kg；

      c_p——液体的比定压热容，J/(kg·K)；

      T_b——液体的沸点，K；

      T_0——环境温度，K；

      H——液体的蒸发热，J/kg。

当液池中液体沸点低于环境温度时，如加压液化气或冷冻液化气，液池表面上单位面积的燃烧速度$\dfrac{\mathrm{d}m}{\mathrm{d}t}$为：

$$\frac{\mathrm{d}m}{\mathrm{d}t} = \frac{0.001H_c}{H}$$

式中符号意义同前。

b 热辐射

设液池为半径r的圆形池子，则液池燃烧时放出的总热通量Q为：

$$Q = \frac{(\pi r^2 + 2\pi rh)\dfrac{\mathrm{d}m}{\mathrm{d}t}\eta H_c}{72\left(\dfrac{\mathrm{d}m}{\mathrm{d}t}\right)^{0.61} + 1} \tag{3-37}$$

式中 r——液池半径，m；

      h——火焰高度，m；

      η——效率因子，可取0.13~0.35；

      H_c——液体的燃烧热，J/kg。

其中，火焰高度h可按下式计算：

$$h = 84r\left(\frac{\dfrac{\mathrm{d}m}{\mathrm{d}t}}{\rho_0\sqrt{2gr}}\right)^{0.6} \tag{3-38}$$

式中 ρ_0——周围空气密度，kg/m³；

      g——重力加速度，9.8m/s²；

      其他符号意义同前。

假设全部辐射热都是从液池中心点的一个微小球面发出的，则在距液池中心某一距离处的入射热辐射强度I为：

$$I = \frac{Q\lambda_c}{4\pi x^2} \tag{3-39}$$

式中 Q——总热辐射量，W；

      λ_c——空气导热系数；

      x——对象点到液池中心的距离，m。

B　喷射火

加压气体从裂口喷出后形成射流，如果立即被点燃则形成喷射火。在计算喷射火的热辐射量时，把它看做一系列位于射流轴线上的点热源，每个点热源的热辐射量都是 q，则可以按射流公式计算总热量。

点热源的热辐射量为：

$$q = \eta Q_0 H_c \tag{3-40}$$

式中　η——效率因子，可取 0.35；

　　　Q_0——泄漏速度，kg/s；

　　　H_c——气体的燃烧热，J/kg。

喷射火的火焰长度等于从泄漏裂口到可燃混合气燃烧下限处的射流长度。有时为了计算简便，取射流轴线长度为喷射火的火焰长度。

射流轴线上某点热源 i 到距该点 x 处一点的热辐射强度 I_i 为：

$$I_i = \frac{Rq}{4\pi x^2} \tag{3-41}$$

式中　R——辐射率，可取 0.2；

　　　q——点热源的热辐射量，W；

　　　x——点热源到对象点的距离，m。

某一对象点处的入射热辐射强度等于喷射火全部点热源对该点热辐射强度的总和：

$$I = \sum_n I_i \tag{3-42}$$

式中，n 为计算时选取的点热源数目，一般取 $n = 5$。

C　火球和爆燃

泄漏的可燃气体或蒸气与空气混合后被点燃发生爆燃燃烧，产生强大的火球。

火球的最大半径 r 与可燃物质的质量 m 之间有如下关系：

$$r = 2.665 m^{0.327} \tag{3-43}$$

火球燃烧的持续时间 t 为：

$$t = 1.089 m^{0.327} \tag{3-44}$$

火球燃烧时发出的热辐射量 Q 为：

$$Q = \frac{\eta H_c m}{t} \tag{3-45}$$

式中　H_c——燃烧热，J/kg；

　　　m——可燃物质的质量，kg；

　　　t——燃烧的持续时间，s。

距火球中心 x 处一点的热辐射强度 I 为：

$$I = \frac{Q\lambda_c}{4\pi x^2} \tag{3-46}$$

式中　Q——火球燃烧的热辐射量，W；

　　　λ_c——空气导热系数。

D　突发火

泄漏的可燃气体、液体蒸发的蒸气在空气中扩散后遇引火源发生突然燃烧而没有爆炸的现象，称为突发火。在这种场合，处于气体燃烧范围内的全部室外人员将遇难死亡；建筑物内的部分人员将死亡。

突发火的后果分析主要是确定可燃混合气体燃烧下限随气团扩散达到的范围。为此，可按气团扩散模型计算气团大小和可燃混合物的浓度。

3.5.3.2　爆炸

危险物质泄漏后可燃气团遇引火源发生爆炸，爆炸时瞬间释放出巨大的能量，造成伤亡和破坏。爆炸的破坏性取决于爆炸产生的冲击波和碎片的情况。

在计算出物理爆炸或化学爆炸释放的爆炸能的基础上，可以根据经验公式计算爆炸冲击波的影响半径、碎片的飞散速度和打击深度，估计爆炸事故的后果。

3.5.3.3　中毒

在有毒物质大量泄漏的场合，根据有毒气团的扩散范围、浓度分布和接触毒物的人数等估计中毒事故的后果。如前所述，毒物对人员的危害程度取决于毒物的性质、毒物的浓度、人员接触毒物时间等许多因素，往往根据有毒物质的半数致死剂量和半数致死浓度估计中毒事故的后果。

为了在有毒物质泄漏后有针对性地应急疏散人员，需要确定受到有毒物质污染的危险区域，并根据泄漏物浓度的大小把危险区域划分为致死区、重伤区、轻伤区和吸入反应区。

A　有毒物质连续泄漏

在连续泄漏的场合，有毒物质呈射流状从裂口射出，并不断与空气掺混而浓度逐渐降低。

（1）在连续泄漏，风速 $u > 0.5\text{m/s}$ 的场合，在泄漏源的下风侧形成长轴一端在泄漏源处的近似橄榄形的危险区域，并且越靠近泄漏源有毒物质浓度越高（见图3-2）。

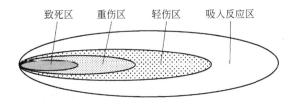

图3-2　风速 $u > 0.5\text{m/s}$ 时连续泄漏危险区域

（2）在连续泄漏，风速 $u < 0.5\text{m/s}$ 的场合，以泄漏源为中心形成围绕泄漏源的圆形危险区域，并且越靠近泄漏源有毒物质浓度越高（见图3-3）。

在有毒物质泄漏量较少的场合，泄漏的有毒物质很快被空气稀释，危险区域很小，有时可以被忽略。若泄漏一段时间后裂口被堵住，则连续泄漏就变成了瞬时泄漏，在泄漏量很小的场合也可以被忽略。

B　有毒物质瞬时泄漏

有毒物质瞬时泄漏的场合，泄漏的有毒物质围绕泄漏源形成气团，随着时间推移，气团一面向四周扩散，一面随风漂移。在气团漂移的初期，高浓度的有毒物质逐渐扩散，危险区域逐渐增大；当达到最大值之后，由于大量空气的掺混

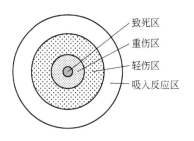

图3-3　风速 $u < 0.5\text{m/s}$
时连续泄漏危险区域

有毒物质浓度降低，危险区域逐渐变小，直至消失。

  首先求出每一时刻的毒负荷临界浓度的等浓度线，再找出各时刻等浓度线的包络线，则包络线围成的区域即为危险区域（见图3-4）。

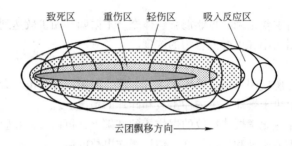

图3-4　瞬时泄漏危险区域

  重大工业事故后果分析涉及一系列数学物理模型的选择、大量有关数据的收集和复杂的数学计算，是一项十分繁重的工作。目前国内外已经开发出了许多后果分析计算机软件，推动了后果分析工作的广泛开展。

思　考　题

3-1　第一类危险源的辨识原则是什么，辨识方法有哪些？

3-2　评价第一类危险源的依据是什么？

3-3　如何采取措施控制第一类危险源？

3-4　何谓重大工业事故，其与一般的工业事故相比较有哪些不同？

3-5　何谓重大工业事故危险源，如何辨识和控制重大工业事故危险源？

3-6　过程工业本质安全设计原则有哪些？

3-7　典型的过程工业防护层如何发挥安全功能？

3-8　进行重大工业事故后果分析主要需要哪些数学物理模型？

练　习　题

3-1　某电化厂在向钢瓶灌注液氯时，一只钢瓶因装过氯化石蜡，发生放热反应而爆炸，并使邻近的盛装液氯的钢瓶破裂和爆炸，大量氯气泄漏，造成一千多人伤亡，疏散居民八万人。为了防止悲剧重演，应该如何采取预防措施？

3-2　一柴油储罐区防液堤长30m，宽10m，高1.2m，已知柴油的燃烧速度为0.04933kg/($m^2 \cdot s$)，燃烧热为42.6×10^6J/kg。试计算储罐破裂柴油泄漏并燃烧时的辐射热通量及距储罐区不同距离处的入射热辐射强度。

4 系统可靠性分析

4.1 可靠性的基本概念

可靠性作为判断、评价系统的一个重要指标，表明"系统、设备、元件等在规定的条件下和预定的时间内完成规定功能的性能"。通常用概率来定量地描述，则"系统、设备、元件等在规定的条件下和预定的时间内完成规定功能的概率"称为可靠度。

系统、设备、元件等在运行过程中性能低下而不能实现预定的功能时，则称发生了故障。故障的发生是人们不希望的，但同时它又是不可避免的。对于所有有形的东西来说，故障迟早都得发生。因此，我们只能努力使故障的发生来得尽可能地晚些，希望系统、设备、元件等尽可能地可靠工作。

系统、设备、元件等从投入使用开始到故障发生经过的时间称作故障时间。若故障之后不能被修复，则称此故障时间为寿命。

由于造成故障的原因是多种多样的、随机的，所以故障的发生也具有随机性质。我们只能应用概率统计的方法对故障发生的规律加以研究。

从故障发生之难易的角度进行可靠性研究时，故障率是个重要的指标。按定义，故障率是"正常工作到某时点的客体在此以后单位时间里发生故障的比率"。在很多情况下，特别是在系统安全分析中经常使用故障率这一指标。故障率随运行时间而变化。按故障率随时间变化的趋势有减少、一定和增加三种情况，把故障分为初期故障、随机故障和磨损故障3种类型。

例如，电子元件等产品在投入使用不久便由于制造不良等原因发生大量故障，习惯上称作初期故障阶段。排除初期故障后故障率逐渐减少并趋于稳定，故障率稳定的阶段称为随机故障阶段。机械零件或易损件等随着运行时间的增加其故障率逐渐增加，进入磨损故障阶段。一般的机械、设备或工业装置等既包括电子元件也包括机械零件，所以3种类型的故障都有，故障率曲线如图4-1所示，图中的曲线俗称浴盆（bathtub）曲线。人类的死亡率也具有类似的情况。图4-2示出了100万人口的死亡率曲线。人类幼儿时由于对外界抵抗力较弱，夭折率较高。

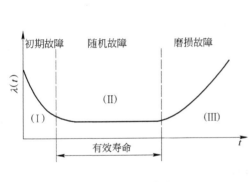

图 4-1　浴盆曲线

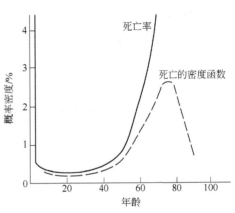

图 4-2　人类的死亡率

到了青壮年时死亡率较低，往往是由于意外事故等偶然的原因而丧生，死亡率近似恒定。到了老年期，由于血管、心脏等身体组织老化，死亡率上升。

表4-1 给出了不同类型故障产生原因及防止对策。

表4-1　不同类型故障产生原因及防止对策

故障类型	现象	原因	对策	备注
初期故障	（1）新产品投产初期的故障； （2）闲置一段时间后故障减少； （3）小毛病往往引起重大事故	（1）设计错误； （2）制造不良； （3）使用方法错误（制造责任的可能性特别大）	（1）设计审查，FMEA,FTA； （2）通过老化筛选等方法排除； （3）明确使用基准并告诉用户	（1）预防性维修保养无效； （2）检修不彻底也会产生这种现象
随机故障	（1）多元素组成系统的典型故障； （2）许多电子元件的故障	系统受到随机应力的作用	（1）采用冗余设计； （2）增加投资； （3）采用高可靠度元件、材料； （4）正当使用	（1）预防性维修保养无效； （2）故障时间呈指数分布
磨损故障	机械零部件磨损、疲劳造成的故障	材料、部件的机械磨损、疲劳、老化	预防性维修保养	（1）预防性维修保养有效； （2）冗余有效但不经济

当把人作为系统的元素研究其可靠性时，不是研究其生命的可靠性而是研究人在执行既定的操作时，完成要求的功能的可靠性。故又可把人的可靠性明确地称为人的操作可靠性。与故障率类似，在研究人的可靠性时采用人失误率这一指标来表征发生操作失误的难易程度。由于人有思想，行为有较大的自由度，所以关于人的可靠性的研究是个复杂的课题。

4.2　故障发生规律

4.2.1　故障时间分布

设系统、设备、元件等在 $t=0$ 时刻投入运行，到 t 时刻发生故障的概率记为 $F(t)$，可靠度记为 $R(t)$，则故障发生概率为：

$$F(t) = P_r\{T \leq t\}$$
$$F(0) = 0 \tag{4-1}$$

式（4-1）又称为故障时间分布函数。可靠度为：

$$R(t) = 1 - F(t)$$
$$R(0) = 1 \tag{4-2}$$

当故障时间分布函数 $F(t)$ 可微分时，则：

$$f(t) = \frac{\mathrm{d}F(t)}{\mathrm{d}t} \tag{4-3}$$

$$F(t) = \int_0^t f(t)\,dt \qquad (4-4)$$

式中，$f(t)$ 称为故障概率密度函数或故障时间密度函数。当 dt 非常小时，$f(t)\,dt$ 表示在时间间隔 $(t, t+dt)$ 内发生故障的概率。定义

$$\lambda(t) = \frac{f(t)}{R(t)} \qquad (4-5)$$

为故障率函数。当 dt 非常小时，$\lambda(t)\,dt$ 表示到 t 时刻没有发生故障而在时间间隔 $(t, t+dt)$ 内发生故障的概率。该式也可写成：

$$\lambda(t) = \frac{dF(t)}{dt \cdot \overline{F}(t)} = -\frac{dR(t)}{R(t)\,dt} \qquad (4-6)$$

把它积分：

$$\int_0^t \lambda(t)\,dt = -\left[\ln R(t)\right]_0^t = -\left[\ln R(t) - \ln R(0)\right] = -\ln R(t)$$

$$R(t) = e^{-\int_0^t \lambda(t)\,dt} \qquad (4-7)$$

于是，自初始时刻到 t 时刻故障发生概率为：

$$F(t) = 1 - R(t) = 1 - e^{-\int_0^t \lambda(t)\,dt} \qquad (4-8)$$

式中，故障率函数 $\lambda(t)$ 决定了 $F(t)$ 的分布形式。

下面举例说明故障时间分布函数 $F(t)$、可靠度函数 $R(t)$、故障时间密度函数 $f(t)$ 及故障率函数 $\lambda(t)$ 的实际意义。

设 100 个元件投入运行后的故障时刻如表 4-2 所示。用 $N(t)$ 表示运行到 t 时刻没有发生故障的元件数，则 $N(0)$ 为投入运行的元件总数；$N(t-1) - N(t)$ 为在时间间隔 $(t-1, t)$ 内故障的元件数。

$$F(t) = \frac{N(0) - N(t)}{N(0)} \qquad\qquad R(t) = \frac{N(t)}{N(0)}$$

$$f(t) = \frac{N(t-1) - N(t)}{N(0)} \qquad\qquad \lambda(t) = \frac{N(t-1) - N(t)}{N(t-1)}$$

表 4-2 故障率计算表

经过时间 t	$N(t)$	$N(t-1) - N(t)$	$F(t)$	$f(t)$	$\lambda(t)$
0	100		0	0	0
1	94	6	0.06	0.06	0.06
2	75	19	0.25	0.19	0.20
3	32	43	0.68	0.43	0.57
4	9	23	0.91	0.23	0.72
5	2	7	0.98	0.07	0.78
6	0	2	1.00	0.02	1.00

根据表 4-2 的故障数据按上述公式计算，结果列于表 4-3。

表 4-3　故障时间分布

经过时间 t	$F(t)$	经过时间 t	$F(t)$
0.3	0.03	2.9	0.61
0.6	0.04	3.0	0.67
0.7	0.05	3.1	0.68
1.0	0.06	3.2	0.73
1.2	0.09	3.3	0.74
1.3	0.12	3.4	0.79
1.4	0.13	3.5	0.81
1.5	0.14	3.6	0.83
1.6	0.15	3.7	0.87
1.7	0.21	3.8	0.88
1.9	0.24	4.0	0.91
2.0	0.25	4.1	0.92
2.1	0.27	4.2	0.93
2.2	0.31	4.6	0.94
2.3	0.36	4.7	0.96
2.4	0.43	4.9	0.97
2.5	0.49	5.0	0.98
2.6	0.54	5.2	0.99
2.7	0.57	5.7	1.00
2.8	0.59		

　　表 4-2 中的时间为单位时间，若按较小的时间间隔来计算故障时间分布函数，则得到表4-3的结果。通过实际故障数据计算得到的故障时间分布称为经验分布函数。当元件总数（数据数）无限增加，趋近无穷大时，经验分布函数的极限函数即为该种元件的真正故障时间分布函数。图 4-3 为经验分布曲线。

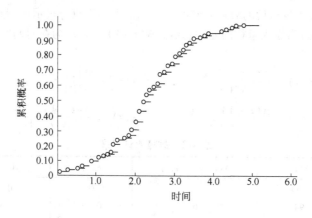

图 4-3　经验分布曲线

4.2.2　典型的故障时间分布

4.2.2.1　指数分布

随机故障的场合故障率为常数，$\lambda(t) = \lambda$，故障时间分布变为指数分布：

$$F(t) = 1 - \mathrm{e}^{-\lambda t}$$

$$f(t) = \lambda \mathrm{e}^{-\lambda t} \tag{4-9}$$

故障率 λ 是指数分布唯一的分布参数，也是一个最具有实际意义的参数。它表示单位时间里发生故障的次数。

指数分布的数学期望 $E(x)$ 为：

$$E(x) = \int_0^\infty t f(t)\mathrm{d}t = \int_0^\infty R(t)\mathrm{d}t = \int_0^\infty \mathrm{e}^{-\lambda t}\mathrm{d}t = \frac{1}{\lambda} = \theta \tag{4-10}$$

它等于故障发生率 λ 的倒数，通常记为 θ，称作平均故障时间（mean time to failure，MTTF）。在系统、设备、元件故障后经修理被重复使用的场合，它被称作平均故障间隔时间（mean time between failures，MTBF）。有时，统称为平均寿命。

指数分布的方差 $V(x)$ 为：

$$V(x) = E\big[(x - E[x])^2\big] = E[x^2] - (E[x])^2 = \int_0^\infty t^2 f(t)\mathrm{d}t - \frac{1}{\lambda^2} = \frac{1}{\lambda^2} \tag{4-11}$$

指数分布的方差比较大。当 $t = \theta$，即时间为平均无故障时间时，发生故障的概率为：

$$F(\theta) = 1 - \mathrm{e}^{-\lambda\theta} = 1 - \mathrm{e}^{-1} = 0.633$$

【例 4-1】 某设备运转 7000h 共发生了 10 次故障。若故障间隔时间服从指数分布，试计算该设备的平均故障间隔时间及从开机运转到工作 1000h 后的可靠度。

解： 平均故障间隔时间为：

$$\theta = \frac{7000}{10} = 700(\mathrm{h})$$

工作 1000h 后的可靠度为：

$$R(1000) = \mathrm{e}^{-\frac{1000}{700}} = \mathrm{e}^{-1.429} = 0.239$$

【例 4-2】 某种元件的平均故障时间为 5000h，试求使用 125h 后的可靠度。

解： 因 $\lambda t = \frac{125}{5000} = 0.025 \ll 1$，利用级数展开式进行计算：

$$R(t) = \mathrm{e}^{-\lambda t} = 1 - \lambda t + \frac{1}{2!}(\lambda t)^2 - \frac{1}{3!}(\lambda t)^3 + \cdots \approx 1 - \lambda t$$

$$R(125) \approx 0.975$$

4.2.2.2 威布尔分布

威布尔分布是瑞典的威布尔在求算链强度时得到的一种分布。按此分布，故障时间分布函数为：

$$F(t) = 1 - \mathrm{e}^{-\frac{t^m}{\eta}} \tag{4-12}$$

可靠度函数为：

$$R(t) = \mathrm{e}^{-\frac{t^m}{\eta}} \tag{4-13}$$

故障时间密度函数为：

$$f(t) = \frac{m}{\eta} t^{m-1} \mathrm{e}^{-\frac{t^m}{\eta}} \tag{4-14}$$

上述公式中，η 为尺度参数；m 为形状参数。

故障时间服从威布尔分布时，故障率函数为：

$$\lambda(t) = \frac{m}{\eta}t^{m-1} \tag{4-15}$$

图 4-4 和图 4-5 分别为威布尔分布的 $f(t)$ 和 $\lambda(t)$。

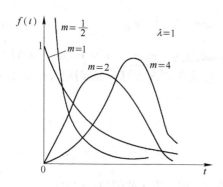
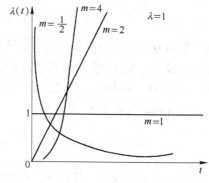

图 4-4 威布尔分布的 $f(t)$ 图 4-5 威布尔分布的 $\lambda(t)$

威布尔分布的数学期望和方差分别是：

$$E[X] = \eta^{\frac{1}{m}}\Gamma\left(1 + \frac{1}{m}\right) \tag{4-16}$$

$$V[X] = \eta^{\frac{2}{m}}\left\{\Gamma\left(1 + \frac{2}{m}\right) - \left[\Gamma\left(1 + \frac{1}{m}\right)\right]^2\right\} \tag{4-17}$$

式中，$\Gamma\left(1 + \frac{1}{m}\right)$ 为 Γ 分布。

在威布尔分布中，m 是一个具有实质意义的参数。当 m 取不同的数值时，故障率 $\lambda(t)$ 随时间的变化呈现如下情况：

（1）$m < 1$ 时，$\lambda(t)$ 随时间单调减少，对应于初期故障；

（2）$m = 1$ 时，$\lambda(t)$ 恒定，威布尔分布变为指数分布，对应于随机故障；

（3）$m > 1$ 时，$\lambda(t)$ 随时间单调增加，对应于磨损故障。

威布尔分布可以描述不同类型的故障，因而在可靠性工程中得到了广泛的应用。

4.2.2.3 关于故障时间分布函数

具有下列性质的统计分布函数 $F(x)(-\infty < x < \infty)$ 都可以直接用作故障时间分布函数：

（1）$F(-\infty) = 0$；

（2）$F(+\infty) = 1$；

（3）若 $x_1 > x_2$，则 $F(x_1) > F(x_2)$；

（4）$\lim\limits_{\delta \to 0}F(x + \delta) = F(x)$。

还有许多函数，如正态分布、对数正态分布、均匀分布、Γ 分布等都可以用作故障时间分布函数。在实际工作中若故障时间不服从于某种特定的分布，而且用统计检验的方法也不能严格地判别出它的拟合性，那么从工程的角度出发，选择一种比较易于说明故障现象本质的函数，或选择一种在数学模型方面容易处理的函数（如指数函数、威布尔函数等）都是可以的。

4.2.3 故障次数分布

当故障时间分布服从指数分布,即故障发生率 λ 为常数时,一定时间间隔内故障发生次数 $N(t)$ 服从泊松(Poisson)分布。

自时刻 $t=0$ 到 t 时刻发生 n 次故障的概率记为:

$$P_n(t) = P_r\{N(t) = n\}, n = 0,1,2,\cdots \tag{4-18}$$

则 $P_n(t)$ 为参数 λt 的泊松分布:

$$P_n(t) = \frac{(\lambda t)^n}{n!}\mathrm{e}^{-\lambda t} \tag{4-19}$$

到 t 时刻发生不超过 n 次故障的概率:

$$P_r\{N(t) \le n\} = \sum_{k=0}^{n} \frac{(\lambda t)^k}{k!}\mathrm{e}^{-\lambda t} \tag{4-20}$$

故障次数 $N(t)$ 的数学期望 $E[N(t)]$ 和方差 $V[N(t)]$ 分别为:

$$E[N(t)] = \sum_{n=0}^{\infty} nP_n(t) = \sum_{n=1}^{\infty} n\frac{(\lambda t)^n}{n!}\mathrm{e}^{-\lambda t} = \lambda t \tag{4-21}$$

$$V[N(t)] = E[N^2(t)] - \{E[N(t)]\}^2$$

$$= \sum_{n=0}^{\infty} n^2 P_n(t) - (\lambda t)^2 = \lambda t \tag{4-22}$$

即,故障次数的数学期望和方差都是 λt。

4.3 故障数据处理

故障数据处理是通过对收集的故障数据进行统计处理而弄清故障发生规律的工作。通过专门的试验或观测可以获得故障时间数据;根据获得的故障时间数据可以确定其故障时间分布函数。

故障时间数据通过试验观测获得,这些试验被称作可靠性试验。可靠性试验有多种方式,按试验地点分为现场试验和实验室试验;按试验结束方式分为完整试验和截尾试验,前者进行到全部试件故障为止,后者进行到若干试件故障为止。截尾试验又分为定时截尾方式和定数截尾方式,前者进行到规定的试验时间停止试验,后者进行到规定数目的试件发生故障时停止试验。按试件故障后是否用新试件更换分为更换法和不更换法。各种试验方式都有各自的优缺点,应该根据实际情况选择。

由于故障的发生具有随机性质,即使同一批试件在同一条件下工作,故障时间的数据也是不同的,只能利用统计分布来描述。

根据概率论中的大数定理,当收集到故障数据的数量(统计学中称为样本)相当多时,故障时间分布函数才是一定的。但是,在实际工作中受各方面条件的限制,往往收集到的故障数据很有限。因此,如何应用统计学的方法由较少的故障数据来确定其分布函数就是一个十分重要的问题。

在已知统计分布函数形式的场合,该分布函数完全由它的参数值确定,确定了参数值则该分布函数即可确定。因此,故障数据处理的重要内容是根据故障时间数据推断出分布函数的参数值。此外,也可以通过统计推断由故障时间数据估算出表征故障发生性质的特征量——平均故障时间或平均故障间隔时间的值。

当不知故障时间分布函数形式时，则需要用统计检验的方法确定其分布函数形式。

统计分布的参数估计包括点估计和区间估计两方面的问题。前者在于推断出分布参数的一个参数值；后者在于考察该参数值的精确程度，即其真值所在的区间范围。

参数点估计的方法以最大似然法和矩法最常用，这里仅介绍最大似然法。最大似然法的基本思想是，如果在一次观测中一个事件出现了，那么就认为该事件出现的可能性很大。

设我们获得的 n 个故障时间数据分别是 t_1，t_2，t_3，$\cdots$，t_n，则首先构造一个 n 变量的函数——似然函数，通过求解该函数极值来得到分布参数的估计值。

4.3.1　指数分布的参数估计

4.3.1.1　完整试验的点估计

进行完整试验时观测全部 n 个试件故障，记录其故障时间 t_1，t_2，t_3，$\cdots$，t_n。构造似然函数：

$$L(t_1,t_2,t_3,\cdots,t_n) = \prod_{i=1}^{n} f(t_i,\lambda) \tag{4-23}$$

式中，$f(t_i,\lambda)$ 为故障时间密度函数，在指数分布的场合：

$$f(t_i,\lambda) = \lambda e^{-\lambda t_i} \tag{4-24}$$

上式可以写成：

$$L(t_1,t_2,t_3,\cdots,t_n) = \prod_{i=1}^{n} f(t_i,\lambda) = \lambda^n e^{-\lambda \sum_{i=1}^{n} t_i} \tag{4-25}$$

为求得使似然函数最大的 λ 的估计值，对该式两端取对数，并令一阶偏导数为零：

$$\ln L(t_1,t_2,t_3,\cdots,t_n) = n\ln\lambda - \lambda \sum_{i=1}^{n} t_i \tag{4-26}$$

得到参数 λ 的估计值 $\hat{\lambda}$ 为：

$$\hat{\lambda} = \frac{n}{\sum_{i=1}^{n} t_i} \tag{4-27}$$

相应地，可以得到平均故障时间 θ 的估计值 $\hat{\theta}$ 为：

$$\hat{\theta} = \frac{1}{\lambda} = \frac{\sum_{i=1}^{n} t_i}{n} \tag{4-28}$$

4.3.1.2　截尾试验的点估计

一般地，定数截尾试验较定时截尾试验得到的估计值更接近于真值，因此这里介绍定数截尾试验方式时的点估计。

设定数截尾试验进行到 n 个试件中 r 个试件发生故障即结束，r 个试件发生故障的时间分别为 t_1，t_2，t_3，$\cdots$，t_r，其中 $t_r = \tau$。即，第一次故障发生在时刻 t_1，第二次故障发生在时刻 t_2，$\cdots$，第 r 次故障发生在时刻 $t_r = \tau$。于是，余下的 $n-r$ 个试件不发生故障的概率为：

$$f(t_1;\lambda)\,\mathrm{d}t_1 f(t_2;\lambda)\,\mathrm{d}t_2 \cdots f(t_r;\lambda)\,\mathrm{d}t_r \{1 - F(\tau)\}^{n-r} = \prod_{i=1}^{r} f(t_i;\lambda)\,\mathrm{d}t_i \{1 - F(\tau)\}^{n-r} \tag{4-29}$$

式中，$F(t)$ 为故障时间分布函数，其概率密度函数为 $f(t;\lambda)$。

再考虑这 r 次故障发生在哪 r 个试件上，其可能的组合数是 $\dfrac{n!}{(n-r)!}$，所以 r 次故障发生在试验结果那样的 r 个试件上的概率为：

$$\frac{n!}{(n-r)!}\prod_{i=1}^{r}f(t_i;\lambda)\mathrm{d}t_i\{1-F(\tau)\}^{n-r} \tag{4-30}$$

构造似然函数为：

$$L(t_1,t_2,\cdots,t_n;\lambda)=\frac{n!}{(n-r)!}\prod_{i=1}^{r}f(t_i;\lambda)\{1-F(\tau)\}^{n-r}$$

$$=\frac{n!}{(n-r)!}\prod_{i=1}^{r}\lambda\mathrm{e}^{-\lambda t_i}\{1-F(\tau)\}^{n-r} \tag{4-31}$$

求满足下式的参数 λ 的估计值 $\hat{\lambda}$：

$$\frac{\partial(\ln L)}{\partial\lambda}=0$$

得到：

$$\hat{\lambda}=\frac{r}{\sum\limits_{i=1}^{r}t_i+(n-r)\tau} \tag{4-32}$$

平均故障时间 θ 的估计值 $\hat{\theta}$ 为：

$$\hat{\theta}=\frac{\sum\limits_{i=1}^{r}t_i+(n-r)\tau}{r} \tag{4-33}$$

4.3.1.3 区间估计

前面的点估计法可以由故障数据推断故障率 λ 或平均故障时间 θ 的一个估计值，但是人们往往不以得到近似值为满足，还要估计误差，即要求更确切地知道近似值的精确程度，也就是故障率 λ 或平均故障时间 θ 的真值所在的范围，即置信区间。所谓区间估计就是推断在给定置信度下的置信区间。

设显著性水平为 α，则置信度为 $(1-\alpha)$。在置信度 $(1-\alpha)$ 一定时，截尾试验的平均故障时间 θ 的置信区间为：

$$\left[\frac{2T}{\chi^2\left(2r;\dfrac{\alpha}{2}\right)},\frac{2T}{\chi^2\left(2r;1-\dfrac{\alpha}{2}\right)}\right] \tag{4-34}$$

式中，$\chi^2\left(2r;\dfrac{\alpha}{2}\right)$ 和 $\chi^2\left(2r;1-\dfrac{\alpha}{2}\right)$ 为自由度 $2r$ 的 χ^2 分布；

$$T=\sum_{i=1}^{r}t_i+(n-r)\tau \tag{4-35}$$

应该注意到，当故障时间分布为指数分布时，由试验的故障数据得到的平均故障时间的估计值，其置信区间的大小取决于故障试件数 r 而与试件总数 n 无关。因此，定数截尾试验较定时截尾试验更科学。

对于完整试验，将公式（4-35）中的 r 用 n 代替即可。

例如，已知某种元件的故障时间分布服从指数分布。随机地抽取 15 个试件进行故障试验。规定故障数达到 5 时即停止试验，得到的故障时间分别为 1410h，1872h，3138h，4218h，6971h。根据公式（4-35）可算得：

$$T = \sum_{i=1}^{r} t_i + (n - r)\tau$$
$$= (1410 + 1872 + 3138 + 4218 + 6971) + (15 - 5) \times 6971$$
$$= 87319(\mathrm{h})$$

由式（4-33）可算得平均故障时间 θ 的估计值为：

$$\hat{\theta} = 17464(\mathrm{h})$$

设置信度为 95%，根据式（4-34）算得平均故障时间 θ 的置信区间为：

$$[8526, 53867](\mathrm{h})$$

4.3.2　威布尔分布的参数估计

可以应用最大似然法求出威布尔分布的两个参数 m 和 η，但是它涉及求解超越方程等复杂的数学问题，所以工程实践中常常采用图解法来进行参数估计。

威布尔分布的可靠度为：

$$R(t) = \mathrm{e}^{-\frac{t^m}{\eta}}$$

将该式两端取倒数，然后再取两次对数，得到直线方程为：

$$\ln\ln\frac{1}{R(t)} = m\ln t - \ln\eta \tag{4-36}$$

以 $\ln t$ 为横坐标，$\ln\ln\dfrac{1}{R(t)}$ 为纵坐标，则服从威布尔分布的故障数据应该在该坐标图上基本上呈一条直线。直线的斜率是威布尔分布的形状参数 m；直线在纵轴（$\ln t = 0$）上的截距为 $\ln\eta$。这样，利用专门的威布尔概率纸（对数坐标纸）就可以方便地求出分布参数 m 和 η 的估计值 $\hat{m}$ 和 $\hat{\eta}$。

然后，按下式计算平均故障时间 θ 的估计值：

$$\hat{\theta} = \hat{\eta}^{\frac{1}{\hat{m}}}\Gamma\left(1 + \frac{1}{\hat{m}}\right) \tag{4-37}$$

按下式计算方差：

$$V[X] = \eta^{\frac{2}{\hat{m}}}\left\{\Gamma\left(1 + \frac{2}{\hat{m}}\right) - \left[\Gamma\left(1 + \frac{1}{\hat{m}}\right)\right]^2\right\} \tag{4-38}$$

例如，用某种元件的 15 个试件做故障试验，试验过程中 10 个试件发生了故障，其故障时间分别为 190h，360h，610h，800h，850h，1100h，1340h，1570h，1790h 和 2240h，求分布参数 m、η 和平均故障时间 θ 的估计值。

在这里，以 $10^2\mathrm{h}$ 作为时间单位。

首先求出与各试件故障时间相对应的可靠度。在进行可靠性试验时，到某时刻的可靠度 $R(t)$ 可按下式计算：

$$R(t) = \frac{\text{没有故障的试件数}}{\text{试件总数}} \tag{4-39}$$

在试件总数小于 20 的场合，通常按下式计算：

$$R(t) = \frac{\text{没有故障的试件数}}{\text{试件总数} + 1} \tag{4-40}$$

算得的 $R(t)$ 列于表4-4。

表4-4　试件的故障时间及 $R(t)$ 和 $F(t)$

故障时间/10^2h	$R(t)$/%	$F(t)$/%
1.9	93.7	6.3
3.6	87.5	12.5
6.1	81.2	18.8
8.0	75.0	25.0
8.5	68.7	31.3
11.0	62.5	37.5
13.4	56.2	43.8
15.7	50.0	50.0
17.9	43.7	56.3
22.4	37.5	62.5

然后把数据点标在威布尔概率纸上，并直观地拟合出一条直线（见图4-6）。直线在纵轴上的交点 N 的纵坐标是 $a = -3.5$。过点（1，0）画一条与直线平行的平行线作辅助线，辅助线与纵轴的交点 M 的纵坐标即为直线的斜率，得 $\hat{m} = -1.2$。

计算参数 η 的估计值：

$$\hat{\eta} = \mathrm{e}^{-\alpha} \times 10^{-2\hat{m}} = 8318(\mathrm{h})$$

计算平均故障时间 θ 的估计值：

$$\hat{\theta} = \hat{\eta}^{\frac{1}{\hat{m}}} \Gamma\left(1 + \frac{1}{\hat{m}}\right) = 1848 \times 0.939 = 1735(\mathrm{h})$$

计算均方差 σ：

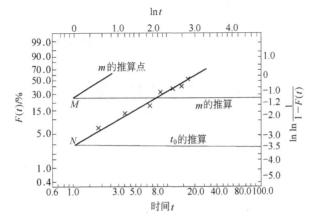

图 4-6　威布尔概率纸求解分布参数

$$\sigma = \hat{\eta}^{\frac{1}{m}} \left\{ \Gamma\left(1 + \frac{2}{\hat{m}}\right) - \left[\Gamma\left(1 + \frac{1}{\hat{m}}\right)\right]^2 \right\}^{\frac{1}{2}} = 1848 \times 0.78 = 1441(h)$$

在威布尔分布参数 m、η 皆为未知的场合很难进行区间估计。如果已知参数 m，则可以按下式估计置信度为 $(1-\alpha)$ 的定数截尾试验的 η 的置信区间：

$$\left[\frac{2T}{\chi^2\left(2r; \frac{\alpha}{2}\right)}, \frac{2T}{\chi^2\left(2r; 1 - \frac{\alpha}{2}\right)}\right] \tag{4-41}$$

式中，$T = \sum_{i=1}^{r} t_i^m + (n - r)\tau^m$。

4.3.3　非参数估计

非参数估计又称可靠度估计。当故障时间分布函数形式未知时，直接由故障数据推断可靠度或故障发生概率。

设 $F(t)$ 是故障时间分布函数，$R(t) = 1 - F(t)$ 为可靠度函数。无论 $F(t)$ 的形式如何，都假定 $F(t)$ 是在 $[0, 1]$ 区间上的均匀分布，则可以在此前提下估计可靠度或故障发生概率。

4.3.3.1　可靠度的点估计

用 n 个试件进行试验，到 τ 时刻共有 r 个试件发生故障，则可靠度的点估计为：

$$\hat{R}(\tau) = \frac{n - r}{n} \tag{4-42}$$

相应地，故障发生概率 $F(t)$ 的点估计值为：

$$\hat{F}(\tau) = 1 - \hat{R}(\tau) = \frac{r}{n} \tag{4-43}$$

4.3.3.2　可靠度的区间估计

定数截尾试验的场合，可靠度的置信上限 R_u 和置信下限 R_l 分别为：

$$R_u = \frac{1}{1 + \left[\dfrac{r}{n - r + 1}\right] F_{2(n-r+1)}^{2r}\left(1 - \dfrac{\alpha}{2}\right)} \tag{4-44}$$

$$R_l = \frac{1}{1 + \left[\dfrac{r}{n - r + 1}\right] F_{2(n-r+1)}^{2r}\left(\dfrac{\alpha}{2}\right)} \tag{4-45}$$

式中，$F_{2(n-r+1)}^{2r}\left(1 - \dfrac{\alpha}{2}\right)$ 和 $F_{2(n-r+1)}^{2r}\left(\dfrac{\alpha}{2}\right)$ 为 F 分布，其数值可以通过查表得到。

4.4　简单系统可靠性

系统是由相互作用、相互依存的若干元素组成的具有特定功能的有机整体，系统可靠性与元素的可靠性有关。

根据元素之间功能关系的复杂程度，可以把系统划分为简单系统和复杂系统。应该注意，这里并没有涉及组成系统的元素数目的多少，究竟是简单系统还是复杂系统主要取决于元素之间的功能关系。例如，由许多铁环串联结成的铁链，无论铁环的数目有多少都是简单系统；桥联系统虽然只有 5 个元素，却属于复杂系统。

　　按元素故障与系统故障之间的关系，可以把系统划分成两类，一类是系统中任何一个元素故障都会导致系统故障的系统，我们称它为基本系统或串联系统。另一类是某元素或某些元素的故障不一定能够造成系统故障的系统，我们称它为冗余系统。

　　所谓冗余（redundancy）是把若干元素或手段附加于系统的元素或组成部分上，从而使得即使系统元素或组成部分发生故障也不至于造成系统故障的方法。也就是说，从系统功能的角度看，添加一些即使没有它们系统也可以发挥功能的多余的东西来提高系统的可靠性。冗余方式很多，常见的有以下几种：

　　（1）并联冗余方式。并联冗余时附加的元素与原来的元素同时工作。

　　（2）备用冗余方式。备用冗余时冗余元素通常处于备用状态，只有当原来的元素发生故障时才投入工作。按备用的冗余元素所处的状态把备用冗余分成 3 种：

　　1）冷备用。备用元素在完全不工作状态下备用，处于冷备用的元素其故障概率为 0。

　　2）热备用。备用元素与主要元素完全同样地运行，一旦主要元素发生故障则备用元素立即取代它。

　　3）温备用。处于冷备用和热备用中间的备用状态。

　　（3）表决冗余方式。表决冗余方式又称 n 中取 k 冗余方式，组成系统的 n 个元素中只要有 k 个正常就能保证系统正常工作。换言之，n 个元素中只有（$n - k + 1$）个或更多个元素发生故障时系统才发生故障。表决冗余方式常用于提高安全监控系统的可靠性。

　　在实现冗余时，可以采取附加元素的方法（元素冗余），也可以附加系统（系统冗余）。但是，理论和实践都已经证明，元素冗余比系统冗余效果更好。

4.4.1　串联系统可靠性

　　串联系统是组成系统的元素在实现系统功能方面缺一不可的系统，因此又称作基本系统。这类系统的基本特征是，组成系统的任一元素发生故障都会导致系统故障，并且系统故障时间 t_s 与元素故障时间 t_1，t_2，$\cdots$，t_n 之间有如下关系：

$$t_s = \min[t_1, t_2, \cdots, t_n] \tag{4-46}$$

即，系统故障时间等于最先发生故障的元素的故障时间。

　　当串联系统的各元素的故障时间相互统计独立时，系统可靠度 $R_s(t)$ 与元素可靠度 $R_i(t)$ 间有如下关系：

$$R_s(t) = \prod_{i=1}^{n} R_i(t) \tag{4-47}$$

相应地，系统发生故障概率 $F_s(t)$ 与元素发生故障概率 $F_i(t)$ 之间具有如下关系：

$$F_s(t) = 1 - \prod_{i=1}^{n} [1 - F_i(t)] \tag{4-48}$$

　　串联系统的故障率 $\lambda_s(t)$ 等于各元素故障率 $\lambda_i(t)$ 之和：

$$\lambda_s(t) = \sum_{i=1}^{n} \lambda_i(t) \tag{4-49}$$

　　当元素的故障时间分布为指数分布时，即 $\lambda_i(t) = \lambda_i$ 时，系统平均故障时间 θ_s 与元素平均故障时间 θ_i 之间具有如下关系：

$$\theta_s = \frac{1}{\left(\dfrac{1}{\theta_1} + \dfrac{1}{\theta_2} + \cdots + \dfrac{1}{\theta_n} \right)} = \frac{1}{\displaystyle\sum_{i=1}^{n} \frac{1}{\theta_i}} \tag{4-50}$$

显然，串联系统的平均故障时间小于其中任一元素的平均故障时间；串联系统中包含的元素越多，越容易发生故障。

4.4.2　并联系统可靠性

并联系统是常见的一种冗余系统。并联系统的基本特征是，只有组成系统的全部元素都发生故障时系统才发生故障，并且系统的故障时间 t_s 与元素故障时间 t_1，t_2，$\cdots$，t_n 之间有如下关系：

$$t_s = \max[t_1, t_2, \cdots, t_n] \tag{4-51}$$

即，系统故障时间等于最后发生故障的元素的故障时间。

当并联系统的各元素故障时间相互统计独立时，系统可靠度 $R_s(t)$ 与元素可靠度 $R_i(t)$ 之间具有如下关系：

$$R_s(t) = 1 - \prod_{i=1}^{n}[1 - R_i(t)] \tag{4-52}$$

相应地，系统发生故障的概率 $F_s(t)$ 与各元素故障概率 $F_i(t)$ 之间具有如下关系：

$$F_s(t) = \prod_{i=1}^{n} F_i(t) \tag{4-53}$$

并联系统的故障率 $\lambda_s(t)$ 与元素故障率 $\lambda_i(t)$ 之间呈现复杂的关系，很难用简单明晰的一般表达式来描述，只能根据具体的系统来求解。例如，由故障时间分布服从指数分布的二元素组成的并联系统，系统故障率与元素故障率之间的关系可表达为：

$$\lambda_s(t) = \frac{\lambda_1 e^{-\lambda_1 t} + \lambda_2 e^{-\lambda_2 t} - (\lambda_1 + \lambda_2) e^{-(\lambda_1 + \lambda_2)t}}{e^{-\lambda_1 t} + e^{-\lambda_2 t} - e^{-(\lambda_1 + \lambda_2)t}} \tag{4-54}$$

由式（4-54）可以绘出图4-7的曲线。当二元素不是相同元素，即 $\lambda_1 \neq \lambda_2$ 时，随着时间的增加，系统故障率 $\lambda_s(t)$ 首先增加，然后减少。当二元素是相同元素时，$\lambda_s(t)$ 为非减的。此外，我们还可以得到如下的认识：

（1）系统故障率小于其中元素故障率较大者，即

$$\lambda_s(t) < \max[\lambda_1, \lambda_2]$$

（2）随着时间的无限增加，系统故障率趋近于其中元素故障率较小者，即

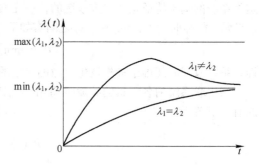

图4-7　二元素并联系统的故障率

$$\lim_{t \to \infty} \lambda_s(t) = \min[\lambda_1, \lambda_2]$$

一般地，并联系统采用相同的元素组成。在这种场合，如果各元素的故障时间服从指数分布，则系统平均故障时间 θ_s 与各元素平均故障时间 θ_0 之间有如下关系：

$$\theta_s = \theta_0 \left(1 + \frac{1}{2} + \cdots + \frac{1}{n}\right) \tag{4-55}$$

该式表明，随着并联系统元素数目的增加，系统平均故障时间增加，可以提高系统的可靠性。但是，增加的第 n 个元素只能取得 $1/n$ 的效果。再考虑成本、体积等因素，并联系统元素不宜过多。

4.4.3 表决系统可靠性

表决系统是组成系统的 n 个元素中至少有 k 个元素正常时系统才能正常运行的系统。推而广之，串联系统是 $k = n$ 的表决系统，即 n 中取 n 的系统；并联系统是 $k = 1$ 的表决系统，即 n 中取 1 的系统。

一般地，构成表决系统的元素都是同种元素，并认为它们有相同的故障概率或可靠度。在各元素故障时间分布服从指数分布的情况下，3 中取 2 系统的可靠度为：

$$R_s(t) = 3R_0^2 - 2R_0^3 = 3e^{-2\lambda_0 t} - 2e^{-3\lambda_0 t} \tag{4-56}$$

式中，λ_0 为各元素的故障率。

相应地，系统故障概率为：

$$F_s(t) = 3F_0^2 - 2F_0^3 = 1 - 3e^{-2\lambda_0 t} + 2e^{-3\lambda_0 t} \tag{4-57}$$

系统故障率为：

$$\lambda_s(t) = \frac{6\lambda_0(1 - e^{-\lambda_0 t})}{3 - 2e^{-\lambda_0 t}} \tag{4-58}$$

该函数为时间 t 的单调增函数（见图4-8），当 $t = 0$ 时 $\lambda_s(t) = 0$，当 $t \to \infty$ 时 $\lambda_s(t) \to 2\lambda_0$。在运行时间较短的场合，系统故障率小于单一元素的故障率。系统平均故障时间 θ_s 与元素平均故障时间 θ_0 之间有如下关系：

$$\theta_s = \frac{5}{6}\theta_0 \tag{4-59}$$

系统平均故障时间小于单一元素平均故障时间。

表决系统的故障概率函数呈 S 形曲线，介于相同数量元素组成的串联系统和并联系统故障概率曲线之间（见图4-9）。当元素故障概率较高时系统故障概率接近于串联系统故障概率；当元素故障概率较低时系统概率接近于并联系统概率。

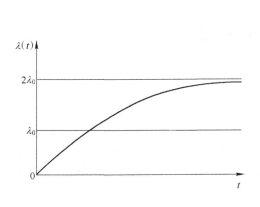

图 4-8　3 中取 2 系统的故障率

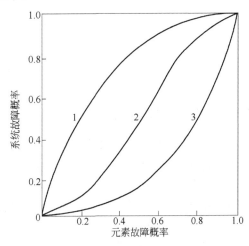

图 4-9　表决系统故障概率
1—串联系统；2—表决系统；3—并联系统

4.4.4 备用系统可靠性

备用系统是一个主要工作元素和若干个备用元素组成的冗余系统。备用系统工作时一旦主要元素发生故障转换机构就将备用元素投入运行。除了元素故障之外，转换机构故障也会导致系统故障。为简单起见，这里仅讨论主要元素故障时转换机构能够可靠地把备用元素投入运行的理想情况。

4.4.4.1　冷备用系统

设冷备用系统由相同的 1 个主要元素和 n 个备用元素组成。

若各元素的故障时间分布为指数分布，则系统可靠度 $R_s(t)$ 为：

$$R_s(t) = \sum_{k=0}^{n} \frac{(\lambda_0 t)^k}{k!} e^{-\lambda_0 t} \tag{4-60}$$

式中，λ_0 为各元素的故障率。

冷备用系统的平均故障时间 θ_s 等于元素平均故障时间 θ_0 之和：

$$\theta_s = (n+1)\theta_0 \tag{4-61}$$

4.4.4.2　温备用系统

温备用系统的备用元素在备用期间也处于运行状态，但是备用期间的运行状态和替代主要元素的工作期间的运行状态又不相同，于是，备用元素的故障率可能随着运行状态发生变化。在研究系统故障问题时，温备用系统较冷备用系统复杂得多。

作为简要的介绍，这里仅讨论两个独立元素组成的温备用系统：一个主要元素和一个备用元素。设两个元素的故障时间均服从指数分布，主要元素的故障率为 λ_1，备用元素在备用状态下的故障率为 λ_0，其工作状态下的故障率为 λ_2，则系统可靠度 $R_s(t)$ 为：

$$R_s = e^{-\lambda_1 t} + \frac{\lambda_1}{\lambda_1 + \lambda_0 - \lambda_2} \left[e^{-\lambda_2 t} - e^{-(\lambda_1 + \lambda_0)t} \right] \tag{4-62}$$

系统平均故障时间 θ_s 为：

$$\theta_s = \frac{1}{\lambda_1} + \frac{\lambda_1}{\lambda_2(\lambda_1 + \lambda_0)} \tag{4-63}$$

4.5　可维修系统可靠性

4.5.1　维修的基本概念

系统如果工作一段时间后发生了故障，一般地经过修理就能够恢复到原来的工作状态。系统发生故障后，寻找故障的部位并进行修理，直到最后验证系统确实已经恢复到了正常状态等一系列工作称作维修。由于故障发生的原因、部位、系统所处环境及维修技术方面的不同，维修所需要的时间往往是个随机变量。系统维修性是指在规定的条件下、规定的时间内、按规定的方式和方法维修时使系统恢复到正常状态的可能性。系统维修性涉及维修度、维修率、平均维修时间和可用度等一系列数量指标。

4.5.1.1　维修度

与用可靠度定量地描述可靠性一样，我们用维修度（maintainability）来定量地描述维修性。按定义，维修度是可维修系统在规定的条件下维修时，在规定的时间内完成维修的概率，通常用 $M(t)$ 表示。对于相同的时间 t 来说，越容易维修的系统其 $M(t)$ 越大。一般地，维修度函数可以表达为：

$$M(t) = 1 - e^{-\int_0^t \mu(t)dt} \tag{4-64}$$

式中，$\mu(t)$ 为维修率。

维修度概率密度函数用 $m(t)$ 表示：

$$m(t) = \frac{dM(t)}{dt} \tag{4-65}$$

4.5.1.2　维修率

维修进行到某一时刻尚未完成维修，在此后单位时间里完成维修的比率，一般地它与时间 t 有关，是时间 t 的函数，记为 $\mu(t)$。

当不考虑维修率受时间的影响或维修率与时间无关时，维修率为常量，$\mu(t) = \mu$。这时，系统维修度函数可以写为：

$$M(t) = 1 - e^{-\mu t} \tag{4-66}$$

系统维修概率密度函数可以写为：

$$m(t) = \mu e^{-\mu t} \tag{4-67}$$

4.5.1.3　平均维修时间

当系统维修率为常数时，维修度函数服从指数分布，维修率的倒数为平均维修时间（mean time to repair, MTTR）：

$$MTTR = \frac{1}{\mu} \tag{4-68}$$

4.5.1.4　可用度

可用度（availability）是一个衡量系统被利用情况的指标。按定义，可用度是系统在特定的瞬间能维持其功能的概率，它是时间 t 的函数，通常记为 $A(t)$。对于故障率为 λ、维修率为 μ 的系统，其可用度 $A(t)$ 可用下式表示：

$$A(t) = \frac{\mu}{\mu + \lambda} + \frac{\lambda e^{-(\mu + \lambda)t}}{\mu + \lambda} \tag{4-69}$$

在系统长期运行的场合，即 $t \to \infty$ 时，上式中的第二项趋近于 0。于是，

$$A(\infty) = \frac{\mu}{\mu + \lambda} = \frac{MTBF}{MTBF + MTTR} \tag{4-70}$$

在可靠性工程中，把式（4-69）描述的可用度称为瞬时可用度，把式（4-70）描述的可用度称为稳态可用度。

4.5.2　马尔可夫过程

在研究可维修系统的可用度时，涉及概率论中的随机过程问题。

从故障的角度考察系统状态，可以把系统状态分为正常状态（非故障状态）S 和故障状态 F 两种状态。处于 S 状态的系统由于发生故障而转移到 F 状态；处于 F 状态的系统经过维修恢复到 S 状态。这里由一种状态向另一种状态的转移完全是随机的，并且在状态转移中起作用的只是系统当前的状态，此前的状态对该次转移没有任何影响。

一般地，若状态间的转移是随机的，则该过程称为随机过程。状态间转移概率与有限次转移以前的状态完全无关的过程称为马尔可夫（Markov）过程。马尔可夫过程的状态间转移概率

是过去 n 个状态下的条件概率。当状态间的转移概率仅由一次转移以前的状态决定，即 $n = 1$ 时，马尔可夫过程为简单马尔可夫过程。

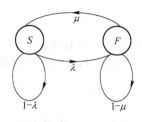

图 4-10　状态转移图

状态间的随机转移情况可以用状态转移图来表示，图 4-10 为状态转移图的例子。

若系统有 r 个状态：S_1，S_2，$\cdots$，S_r，把系统状态 S_i 转移到 S_j 的条件概率记为 P_{ij}，则可以用下面的转移矩阵来表示系统状态转移情况：

$$\boldsymbol{P} = \begin{array}{c} \\ S_1 \\ S_2 \\ \vdots \\ S_r \end{array} \overset{\displaystyle \begin{array}{cccc} S_1 & S_2 & \cdots & S_r \end{array}}{\left|\begin{array}{cccc} P_{11} & P_{12} & \cdots & P_{1r} \\ P_{21} & P_{22} & \cdots & P_{2r} \\ \vdots & \vdots & \vdots & \cdots \\ P_{r1} & P_{r2} & \cdots & P_{rr} \end{array}\right|} \tag{4-71}$$

转移矩阵中的第 i 行表示系统从状态 S_i 转移到 S_1，S_2，$\cdots$，S_r 状态的概率，并且：

$$P_{i1} + P_{i2} + \cdots + P_{ir} = 1 \tag{4-72}$$

系统处于状态 S_i 的概率用 x_i 表示，则固有向量（或称特征向量）为：

$$\boldsymbol{X} = (x_1, x_2, \cdots, x_r) \tag{4-73}$$

$$x_1 + x_2 + \cdots + x_r = 1 \tag{4-74}$$

根据下式可以求得系统处于某一状态的概率 x_i：

$$\boldsymbol{X}\boldsymbol{P} = \boldsymbol{X} \tag{4-75}$$

例如，在系统只有 S 和 F 两种状态的场合，如果系统故障时间和维修时间分布均为指数分布，系统在瞬间发生故障的概率为 λ，完成维修的概率为 μ，则：

$$\boldsymbol{P} = \begin{array}{c} \\ S \\ F \end{array} \overset{\displaystyle \begin{array}{cc} S & \quad F \end{array}}{\left|\begin{array}{cc} 1 - \lambda & \lambda \\ \mu & 1 - \mu \end{array}\right|}$$

设系统处于状态 S 的概率为 x_1，处于 F 状态下的概率为 x_0，则：

$$(x_1 \quad x_0)\left|\begin{array}{cc} 1 - \lambda & \lambda \\ \mu & 1 - \mu \end{array}\right| = (x_1 \quad x_0)$$

解方程组：

$$\begin{cases} x_1 + x_0 = 1 \\ (1 - \lambda)x_1 + \mu x_0 = x_1 \\ \lambda x_1 + (1 - \mu)x_0 = x_0 \end{cases}$$

得到系统处于状态 S 的概率，即系统可用度为：

$$A = x_1 = \frac{\mu}{\mu + \lambda}$$

又如，在由两相同元素组成的热备用系统的场合，如果元素的故障时间分布和维修时间分布服从指数分布，瞬间发生故障的概率为 λ，完成维修的概率为 μ，则系统可能处于三种状态：两元素都正常的状态 S_2、一个元素正常的状态 S_1 和两元素都故障的状态 S_0。这时的转移矩阵为：

$$\boldsymbol{P} = \begin{array}{c} \\ S_2 \\ S_1 \\ S_0 \end{array} \begin{array}{ccc} S_2 & S_1 & S_0 \\ \begin{vmatrix} 1 - 2\lambda & 2\lambda & 0 \\ \mu & 1 - (\lambda + \mu) & \lambda \\ 0 & 2\mu & 1 - 2\mu \end{vmatrix} \end{array}$$

其状态转移图为图 4-11。由于两元素同时运转，所以由状态 S_2 转移到状态 S_1 的概率为 2λ。设系统处于状态 S_2 的概率为 x_2，处于状态 S_1 的概率为 x_1，处于状态 S_0 的概率为 x_0，则：

$$(x_2 \quad x_1 \quad x_0) \begin{vmatrix} 1 - 2\lambda & 2\lambda & 0 \\ \mu & 1 - (\lambda + \mu) & \lambda \\ 0 & 2\mu & 1 - 2\mu \end{vmatrix} = (x_2 \quad x_1 \quad x_0)$$

解方程组：

$$\begin{cases} x_2 + x_1 + x_0 = 1 \\ (1 - 2\lambda)x_2 + \mu x_1 = x_2 \\ 2\lambda x_2 + [1 - (\lambda + \mu)]x_1 + 2\mu x_0 = x_1 \\ \lambda x_1 + (1 - 2\mu)x_0 = x_0 \end{cases}$$

得到系统可用度为：

$$A = x_2 + x_1 = \frac{\mu^2 + 2\lambda\mu}{(\lambda + \mu)^2}$$

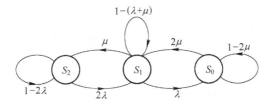

图 4-11　热备用系统状态转移图

4.6　相关结构理论

巴隆（R. E. Barlow）和普罗斯钦（F. Proschan）提出了相关结构理论（coherent system theory），其可以用于研究一般系统的可靠性问题。

4.6.1　相关系统

4.6.1.1　系统结构函数

假设我们研究的系统元素只取正常状态或故障状态两种状态之一；相应地，由这样的元素组成的系统也只能取这两种完全对立的状态之一。

为了描述元素状态和系统状态，我们引入二值变量和二值函数。所谓二值变量是其取值只能取 0 或 1 的变量；二值函数是其取值只能取 0 或 1 的函数。

用二值变量 x_i 来表示第 i 个元素的状态，则：

$$x_i = \begin{cases} 0 & \text{当元素故障时} \\ 1 & \text{当元素正常时} \end{cases} \quad i = 1, 2, \cdots, n \tag{4-76}$$

同样，用二值函数表示系统的状态，则：

$$\phi = \begin{cases} 0 & \text{当系统故障时} \\ 1 & \text{当系统正常时} \end{cases} \quad i = 1, 2, \cdots, n \tag{4-77}$$

若系统的状态完全取决于元素的状态，则系统的结构函数为：

$$\phi = \phi(\boldsymbol{X}) \tag{4-78}$$

其中，$\boldsymbol{X} = (x_1, x_2, \cdots, x_n)$。系统中元素的数目 n 被称作系统的阶，由 n 个元素组成的系统被称作 n 阶系统，其结构函数被称为 n 阶结构函数。

串联系统的结构函数可以表达为：

$$\phi(\boldsymbol{X}) = \prod_{i=1}^{n} x_i = \min(x_1, x_2, \cdots, x_n) \tag{4-79}$$

并联系统的结构函数可以表达为：

$$\phi(\boldsymbol{X}) = \coprod_{i=1}^{n} x_i = \max(x_1, x_2, \cdots, x_n) \tag{4-80}$$

式中，$\coprod\limits_{i=1}^{n} x_i = 1 - \prod\limits_{i=1}^{n}(1 - x_i)$。

4.6.1.2 相关系统结构函数

A 元素与系统相关

如果某元素 i 不论 x_i 的取值如何总有固定的 ϕ，则称元素 i 与系统不相关，即对于所有的 $(\bullet_i, \boldsymbol{X})$ 都有 $\phi(1_i, \boldsymbol{X}) = \phi(0_i, \boldsymbol{X})$，否则元素 i 与系统相关。这里 $(\bullet_i, \boldsymbol{X})$ 的意义如下：

$$(\bullet_i, \boldsymbol{X}) = (x_1, x_2, \cdots, x_{i-1}, \bullet, x_{i+1}, \cdots, x_n)$$

$$(0_i, \boldsymbol{X}) = (x_1, x_2, \cdots, x_{i-1}, 0, x_{i+1}, \cdots, x_n)$$

$$(1_i, \boldsymbol{X}) = (x_1, x_2, \cdots, x_{i-1}, 1, x_{i+1}, \cdots, x_n)$$

对于任意 n 阶系统，对于所有的元素 i 都有下式成立：

$$\phi(\boldsymbol{X}) = x_i \phi(1_i, \boldsymbol{X}) + (1 - x_i) \phi(0_i, \boldsymbol{X}) \tag{4-81}$$

利用这个公式，可以通过 $(n-1)$ 阶结构函数来表现 n 阶结构函数。反复地利用这个公式可以得到下面的公式：

$$\phi(\boldsymbol{X}) = \sum_y \prod_{i=1}^{n} x_i^{y_i}(1 - x_i)^{1 - y_i} \phi(\boldsymbol{y}) \tag{4-82}$$

式中 $\boldsymbol{y}$——状态矢量；

y_i——二值变量 x_i 的取值，0 或 1。

例如，参照表 4-5 的状态矢量，两元素串联系统的结构函数可以写成：

$$\phi(x_1,x_2) = x_1(1-x_1)^0 x_2(1-x_2)^0 \cdot 1 + x_1(1-x_1)^0 x_2^0 (1-x_2) \cdot 0$$
$$+ x_1^0 (1-x_1) x_2 (1-x_2)^0 \cdot 0 + x_1^0 (1-x_1) x_2^0 (1-x_2) \cdot 0$$
$$= x_1 x_2$$

表 4-5 状态矢量

y_1	y_2	$\phi(y)$
1	1	1
1	0	0
0	1	0
0	0	0

在这里，还要引入对偶结构的概念。对偶结构的概念被用以研究只取两种对立状态之一的元素组成的系统，如安全监测系统的可靠性问题以及故障树分析等。

设有结构 $\phi(X)$，则它的对偶结构为：

$$\phi^D(X) = 1 - \phi(1-X) \tag{4-83}$$

n 元素组成的串（并）联系统其对偶为 n 元素组成的并（串）联系统；n 中取 k 的表决系统其对偶为 n 中取 $(n-k+1)$ 的表决系统。

B 相关系统及其性质

如果一个系统的结构函数是增函数，并且每个元素都与之相关，则该系统为相关系统。对于一个实际系统来说，如果改善了其中一个元素的性能反而引起系统性能的降低，那么这样的系统没有任何实际意义。

设 $\phi(X)$ 为 n 阶相关系统的结构函数，则：

（1）该系统的性能，其上限相当于一个并联系统，其下限相当于一个串联系统，即：

$$\prod_{i=1}^{n} x_i \leqslant \phi(X) \leqslant \coprod_{i=1}^{n} x_i \tag{4-84}$$

（2）元素的冗余较系统的冗余效果更好，即：

$$\phi(X \cup Y) \geqslant \phi(X) \cup \phi(Y) \tag{4-85}$$

C 相关系统可靠度

根据相关系统结构函数可以得到系统的可靠度函数。

假设系统的元素是统计独立的，并且各元素的状态是随机的。元素 i 处于正常状态的概率（可靠度）等于状态变量 x_i 的数学期望：

$$R_i = P_r[x_i = 1] = E[x_i] \quad i = 1,2,\cdots,n \tag{4-86}$$

类似地，系统处于正常状态的概率（可靠度）等于系统结构函数的数学期望：

$$R_s = h(R_i) = P_r[\phi(X) = 1] = E[\phi(X)] \tag{4-87}$$

4.6.2 概率分解法计算系统可靠度

一类复杂系统是有交叉连接的系统。交叉连接的存在，使得本来简单的系统变得复杂了，不能按简单系统来处理。概率分解法（partial pivotal decomposition）是计算有交叉连接系统可靠度的一种方法。

对式（4-81）等号两端取数学期望，得到概率分解法计算系统可靠度的公式如下：

$$R_s = R_i \cdot h(1_i, R) + (1 - R_i) \cdot h(0_i, R) \tag{4-88}$$

利用概率分解法计算有交叉连接系统可靠度时，首先选定交叉连接的一个元素，再按式（4-88）计算该元素可靠和故障两种情况下系统可靠的条件概率的和。如果系统有多处交叉连接，则依次进行这样的处理，直到被计算的条件概率为简单系统可靠度为止。

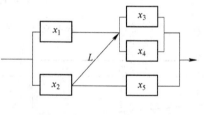

例如图 4-12 所示的二极网络系统，有交叉连接 L。我们选定交叉连接元素 x_2 进行概率分解，则系统的可靠度 R_s 为：

图 4-12　二极网络系统

$$R_s = R_2 \cdot h(1_2, R) + (1 - R_2) \cdot h(0_2, R)$$

设各元素为相同元素，且故障时间分布服从指数分布：

$$R_i = e^{-\lambda t}$$

则系统可靠度 R_s 为：

$$R_s = R_2[1 - (1 - R_3)(1 - R_4)(1 - R_5)] + (1 - R_2)R_1[1 - (1 - R_3)(1 - R_4)]$$

最后得：

$$R_s = 5e^{-2\lambda t} - 6e^{-3\lambda t} + 2e^{-4\lambda t}$$

系统平均故障时间 θ_s 为：

$$\theta_s = \int_0^\infty R_s \mathrm{d}t = \frac{1}{\lambda}$$

4.6.3　最小径集合与最小割集合

4.6.3.1　最小径集合

考察系统可靠性框图，可以发现从系统输入端到输出端之间有若干途径，即元素的集合，只要其中的元素都正常就能使系统正常发挥功能。

在状态矢量中，使 $\phi(X) = 1$ 的矢量是径矢量，与径矢量相对应的元素的集合是径集合（path set）。

当 $Y < X$ 时，$\phi(Y) = 0$ 的径矢量是最小径矢量，与最小径矢量相对应的元素的集合是最小径集合（minimal path set）。

从物理意义上讲，只要其中的元素正常就能使系统正常发挥功能的元素的集合是径集合。例如图 4-12 所示的系统中，集合 (x_1, x_3)、(x_1, x_4)、(x_1, x_3, x_4)、(x_2, x_5)、(x_2, x_3)、(x_2, x_4)、(x_2, x_3, x_4)、(x_2, x_3, x_4, x_5)、$(x_1, x_2, x_3, x_4, x_5)$ 是径集合。

如果径集合中所有的元素正常对系统正常发挥功能是充分而且必要的，则该径集合为最小径集合。显然，在上述的径集合中，集合 (x_1, x_3)、(x_1, x_4)、(x_2, x_5)、(x_2, x_3)、(x_2, x_4) 是最小径集合。

从系统正常发挥功能的角度，最小径集合中的元素相当于串联连接；系统是由最小径集合并联构成的。当构成系统的不同最小径集合中没有相同元素时，系统可靠度可以按下式计算：

$$R_s = 1 - \prod_{j=1}^{p}\left(1 - \prod_{i=1}^{p_j} R_i\right) \tag{4-89}$$

式中　p——系统包含的最小径集合数；

j——最小径集合的序号；

p_j——序号为 j 的最小径集合包含的元素数；

i——最小径集合中元素的序号。

在同一元素在不同的最小径集合中出现的场合，可以利用容斥公式来计算系统可靠度：

$$R_s = \sum_{j=1}^{p} \prod_{i=1}^{p_j} R_i - \sum_{1 \leq j < l \leq p} \prod_{i \in P_j \cup P_l} R_i + \cdots + (-1)^{p-1} \prod_{i=1}^{n} R_i \tag{4-90}$$

式中　p——系统包含的最小径集合数；

P_j，P_l——最小径集合；

j，l——最小径集合的序号；

p_j——最小径集合 P_j 包含的元素数；

i——最小径集合中元素的序号；

n——所有最小径集合包含的元素数。

4.6.3.2　最小割集合

在状态矢量中，使 $\phi(X) = 0$ 的矢量是割矢量，与割矢量相对应的元素的集合是割集合（cut set）。

当 $Y > X$ 时，$\phi(Y) = 1$ 的割矢量是最小割矢量，与最小割矢量相对应的元素的集合是最小割集合（minimal cut set）。

从物理意义上讲，只要其中的元素都发生故障就能使系统发生故障的元素的集合称为割集合。例如图4-12所示的系统中，集合 (x_1, x_2)，(x_3, x_4, x_5)，(x_2, x_3, x_4)，(x_1, x_3, x_4, x_5)，(x_2, x_3, x_4, x_5)，$(x_1, x_2, x_3, x_4, x_5)$ 是割集合。

如果割集合中所有的元素发生故障对系统发生故障是充分而且必要的，则该割集合为最小割集合。显然，在上述的割集合中，集合 (x_1, x_2)，(x_3, x_4, x_5)，(x_2, x_3, x_4) 是最小割集合。

从系统故障的角度，最小割集合中的元素相当于并联连接；系统是由最小割集合串联构成的。当构成系统的不同最小割集合中没有相同元素时，系统可靠度可以按下式计算：

$$R_s = \prod_{j=1}^{k} \left[1 - \prod_{i=1}^{k_j} (1 - R_i) \right] \tag{4-91}$$

式中　k——系统包含的最小割集合数；

j——最小割集合的序号；

k_j——序号为 j 的最小割集合包含的元素数；

i——最小割集合中元素的序号。

在同一元素在不同的最小割集合中出现的场合，可以利用容斥公式来计算系统可靠度：

$$R_s = 1 - \sum_{j=1}^{k} \prod_{i=1}^{k_j} (1 - R_i) + \sum_{1 \leq j < l \leq k} \prod_{i \in K_j \cup K_l} (1 - R_i) + \cdots + (-1)^k \prod_{i=1}^{n} (1 - R_i) \tag{4-92}$$

式中　k——系统包含的最小割集合数；

K_j，K_l——最小割集合；

j，l——最小割集合的序号；

k_j——最小割集合 K_j 包含的元素数；

i——最小割集合中元素的序号；

n——所有最小割集合包含的元素数。

【例4-3】　应用最小径集合和最小割集合法计算图4-12所示系统的可靠度。设各元素故障时间分布服从指数分布，故障率皆为 λ。

解： 该系统各元素的可靠度皆为 $R = e^{-\lambda t}$。

（1）应用最小径集合计算系统可靠度：

系统的最小径集合分别是 $(x_1，x_3)$，$(x_1，x_4)$，$(x_2，x_5)$，$(x_2，x_3)$，$(x_2，x_4)$。利用容斥公式，系统可靠度 R_s 为：

$$R_s = [5R^2] - [6R^3 + 4R^4] + [7R^4 + 3R^5] - [R^4 + 4R^5] + R^5$$

$$= 5R^2 - 6R^3 + 2R^4$$

$$= 5e^{-2\lambda t} - 6e^{-3\lambda t} + 2e^{-4\lambda t}$$

（2）应用最小割集合计算系统可靠度：

系统的最小割集合分别是 $(x_1，x_2)$，$(x_3，x_4，x_5)$，$(x_2，x_3，x_4)$。利用容斥公式，系统可靠度 R_s 为：

$$R_s = 1 - \{[(1-R)^2 + 2(1-R)^3] - [2(1-R)^4 + (1-R)^5] + [(1-R)^5]\}$$

$$= 1 - [(1-R)^2 + 2(1-R)^3 - 2(1-R)^4]$$

$$= 5R^2 - 6R^3 + 2R^4$$

$$= 5e^{-2\lambda t} - 6e^{-3\lambda t} + 2e^{-4\lambda t}$$

应用最小径集合和最小割集合计算得到的系统可靠度相同。在该例中，最小割集合数目小于最小径集合数目，应用最小割集合计算可靠度比较简单。

4.7 可靠性的提高

提高系统、设备、元素的可靠性，防止系统、设备、元素发生故障，是第二类危险源控制的重要内容。

系统、设备、元件故障的发生，既有其自身的原因，也有其外部原因。前者来自设计、制造、安装等方面的问题；后者包括工作条件方面的问题和时间因素。因此，应该从这些方面入手采取措施提高系统、设备、元素的可靠性。

4.7.1 设计

良好的工程设计是防止故障发生的一种有效措施，在设计实践中经常采取安全系数，降低额定值，冗余设计，故障-安全设计，耐故障设计，选用高质量的材料、元件、部件等措施提高系统、设备、元件的可靠性。

4.7.1.1 安全系数

在设计中采用安全系数是最早采用的防止结构（机械零部件、建筑结构、岩土工程结构等）发生故障的方法。采用安全系数的基本思想是，把结构、部件的强度设计得超出其可能承受的应力的若干倍，这样就可以减少因设计计算误差、制造缺陷、老化及未知因素等造成的破坏或故障。

一般地，安全系数越大，结构、部件的可靠性越高，故障率越低。但是，增加系数可能增加结构、部件尺寸，增加成本。合理地确定结构、部件的安全系数是个很重要的问题，目前主要根据经验选取。对于一旦发生故障可能导致事故、造成严重后果的结构、部件应该选用较大的安全系数。例如，矿山安全规程规定，矿井专门用于升降人员的罐笼钢丝绳的安全系数不得小于 9；使用一段时间后安全系数降到 7 以下时必须更换。又如，汽车、飞机的发动机曲轴的安全系数达 40 以上。

4.7.1.2 降低许用值

与结构设计中采用安全系数的思想类似，在电气、电子设备或元件的设计中采用降低许用值（derating）的方法，防止故障发生。其具体做法是，选用其功率较要求的功率大得多的设备或元件，或者采取冷却措施提高设备或元件的承载能力。例如，重要的警告信号灯采用低于灯泡额定电压的电压供电，可以减少故障、增加寿命。

4.7.1.3 冗余设计

采用冗余设计构成冗余系统可以大大地提高可靠性，减少故障的发生。在各种冗余方式中，并联冗余和备用冗余最常用。

当采用并联冗余时，冗余元素与原有元素同时工作，冗余元素越多则可靠性越高。但是，增加第 n 个元素只能取得 $1/n$ 的效果，并联元素越多，最后并联上去的元素所起的作用越小。再考虑到体积和成本问题，实际设计中只将有限的元素并联起来构成并联冗余系统。

在采用备用冗余的场合，工作元素发生故障时把备用元素投入工作，增加了平均故障时间，减少了系统故障率。许多重要的设施、设备都采用备用冗余方式，如备用电源、备用电机、备用轮胎等。在设计备用冗余时应该考虑把备用元素投入工作的转换机构的可靠性问题。如果转换机构发生故障，则在工作元素发生故障时不能及时将备用元素投入运行，最终将导致系统故障。

4.7.1.4 故障-安全设计

故障-安全（fail-safe）设计，是在系统、设备、结构的一部分发生故障或破坏的情况下，在一定时间内也能保证安全的设计。

按系统、设备、结构在其一部分发生故障后所处的状态，故障-安全设计方案可以分成 3 种：

（1）故障-正常方案。系统、设备、结构在其一部分发生故障后、采取校正措施前仍能正常发挥功能。例如，图 4-13 所示的锅炉进水阀，即使阀瓣从阀杆上脱落了（故障），但由于水的压力使阀瓣升起，保证锅炉用水。

（2）故障-消极方案。系统、设备、结构在其一部分发生故障后，处于最低的能量状态，直到采取校正措施之前不能工作。例如，电路中的保险丝在过载荷时熔断而断开电路，列车制动系统故障时闸瓦抱紧车轮使列车停止等。

（3）故障-积极方案。故障发生后，在采取校正措施之前，系统、设备、结构处于安全的能量状态下，或者维持其基本功能，但是性能（包括可靠性）下降。例如，在结构设计中将 T 字钢用两根角钢代替，形成分割结构，如果其中一根角钢损坏，另一根角钢仍能承担载荷而不至于发生事故（见图 4-14）。

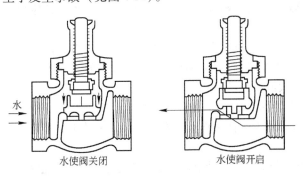

图 4-13 锅炉进水阀

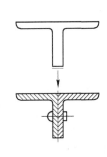

图 4-14 分割结构

故障-积极方案又称故障-缓和（fail-soft）方案，应用较广泛。

4.7.1.5 耐故障设计

耐故障（fault tolerance）设计又称容错设计，是在系统、设备、结构的一部分发生故障或破坏的情况下，仍能维持其功能的设计。可以认为耐故障设计是故障-安全设计的一种。耐故障设计在防止故障方面得到了广泛应用。

在飞机的结构设计中，为防止疲劳断裂而采用耐破坏（damage tolerance）设计，使得即使裂纹扩展结构的剩余强度也足以保证飞机安全地返回地面。

随着计算机在系统控制中的普及，计算机软件一旦发生故障而引起事故、造成损失的情况越来越受到重视。耐故障设计是防止计算机软件故障的重要措施之一。常用的方法是由两个不同版本的软件同时运行，如果其运行结果相同则有效，否则将发出警告，见图4-15。

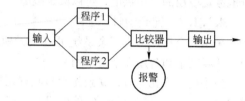

图4-15 两版本软件

4.7.1.6 选用高质量的材料、元件、部件

设备、结构等是由若干元件、部件组成的系统。由高可靠性的元素组成的系统，其可靠性也高。选用高质量的材料、元件、部件，可以保证系统元素有较高的可靠性。为此，一些重要的元件、部件要经过严格筛选后才能使用。

4.7.2 维修

广义的维修是指为了维持或恢复系统、设备、结构正常状态而进行的一系列活动，如保养、检查、故障识别、更换或修理等。

按维修与故障发生之间的时间关系，维修分为预防性维修和修复性维修两大类。前者在故障发生前进行；后者在故障发生后进行。

4.7.2.1 预防性维修

根据平均故障时间等可靠性参数确定维修周期，按预先规定的维修内容有计划地进行维修。工业企业中开展的设备大、中、小修属于预防性维修。由于随着工作时间的增加系统可靠性逐渐降低，在进入磨损故障阶段之前进行维修，可以有效地降低故障发生率。

4.7.2.2 修复性维修

系统、设备、结构发生故障后，查找故障部位，隔离故障（限制故障影响），更换、修理故障元素，以及校准、校验等，使之尽快恢复到正常状态。

从安全的目的出发，为了防止可能导致事故的故障发生，维修工作应该以预防性维修为主、修复性维修为辅。

在预防性维修中，按进行维修工作的时机，有定时维修、按需维修和监测维修等工作方式。

（1）定时维修：以平均故障时间为维修周期进行的周期性维修。这种维修工作方式便于安排维修计划，但是针对性差、维修工作量大而不经济。

（2）按需维修：根据系统、设备、结构的状况决定是否进行维修。按需维修在定时检查的基础上进行，既可以消除潜在故障，又可以减少维修工作量，充分利用元素的工作寿命，是一种较好的预防性维修方式。

（3）监测维修：在广泛收集、分析元素故障资料的基础上，根据对其运行情况连续监测的结果确定维修时间和内容。它是按需维修的深化和发展，既可以提高系统、设备、结构的可用度，减少维修工作量，又能充分发挥元素潜力，是一种理想的预防性维修方式。监测维修涉及故障分析和故障诊断技术、系统状态监测技术，特别适用于随机故障和规律不清楚的故障的预防。

一些大规模复杂系统没有或很少有磨损故障阶段，只可能发生随机故障和初期故障。在这种场合，预防性维修对减少故障没有什么效果。近年来，在监测维修的基础上，发展起一种以可靠性为中心的维修，它以维持系统、设备、结构的可靠性为着眼点，根据各元素的功能、故障、故障原因及其影响来确定具体的维修工作，它包括定期检查、定期修理、定期报废等维修措施。

4.7.3 安全监控系统

4.7.3.1 安全监控系统的构成

在生产过程中经常利用安全监控系统监测与安全有关的状态参数，发现故障、异常，及时采取措施控制这些参数不达到危险水平，消除故障、异常以防止事故发生。

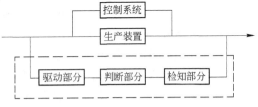

图 4-16 典型的安全监控系统

安全监控系统种类繁多，图 4-16 是典型的生产过程安全监控系统示意图。图中虚线围起的部分是安全监控系统，它由检知部分、判断部分和驱动部分 3 个部分组成。

检知部分主要由传感元件构成，用以感知特定物理量的变化。一般地，传感元件的灵敏度较人的感官的灵敏度高得多，所以能够发现人员难以直接察觉的潜在的变化。

判断部分把检知部分感知的参数值与规定的参数值相比较，判断被监控对象的状态是否正常。

驱动部分的功能在于判断部分已经判明存在故障、异常，有可能出现危险时，实施恰当的安全措施。所谓恰当的安全措施，根据具体情况可能是停止设备、装置的运转，即紧急停车（shutdown），或者启动安全装置，或者向人员发出警告，让人员采取措施处理或回避危险。

根据被监控对象的具体情况，安全监控系统的实际构成有如下几种：

（1）检测仪表。安全监控系统只有检知部分由仪器、设备承担。检测仪表检测的参数值由人员与规定的参数值比较，判断监控对象是否处于正常状态。如果发现异常需要处理时，由人员采取措施。

（2）监测报警系统。安全监控系统的检知部分和判断部分由仪器、设备承担，驱动部分的功能由人员实现。系统监测到故障、异常时发出声、光报警信号，提醒人员采取措施。在这种场合，往往把作为判定正常或异常标准的规定参数值定得低些，以保证人员有充裕的时间做出恰当的决策和采取恰当的行动。

（3）监控联锁系统。安全监控系统的 3 个部分全部由仪器、设备构成。在检知、判断部分发现故障或异常时，驱动机构完成紧急停车或启动安全装置，人员不必介入。这是一种高度自动化的系统，适用于若不立即采取措施就可能发生事故、造成严重后果的情况。

4.7.3.2 安全监控系统可靠性

安全监控系统的任务是及时发现故障或异常，及早采取措施防患于未然，实现功能安全。然而，安全监控系统本身也可能不可靠而发生故障。

安全监控系统可能发生两种类型的故障，即漏报和误报。

（1）漏报。在监控对象出现故障或异常时，安全监控系统没有做出恰当的反应（例如报警或紧急停车等）。漏报型故障使安全监控系统丧失其安全功能，不能阻止事故的发生，其结果可能带来巨大损失。因此，漏报属于"危险故障"型故障。

为了防止漏报型故障，应该选用高灵敏度的传感元件，规定较低的规定参数值，以及保证驱动机构动作可靠等。

（2）误报。在监控对象没有出现故障或异常的情况下，安全监控系统误动作（例如误报警或误停车等）。误报不会导致事故发生，故属于"安全故障"型故障。但是，误报可能带来不必要的生产停顿或经济损失，最严重的是会因此而失去人们的信任。在现实生产、生活中，往往由于安全监控系统频繁地上演"狼来了"的故事，导致人们废弃安全监控系统，结果酿成了重大事故的悲剧。为了防止误报，安全监控系统应该有较强的抗干扰能力。

经验表明，在安全监控系统的3个组成部分中，检知部分发生故障的频率最高。

安全监控系统的漏报和误报是性质完全相反的两种类型故障。提高检知部分的灵敏度虽然可以防止漏报型故障，却容易受外界干扰而发生误报型故障；反之，抗干扰能力强时虽然可以防止误报型故障，却容易发生漏报型故障。因此，提高安全监控系统可靠性是一项困难的工作。目前，主要通过两条途径来改善安全监控系统，特别是检知部分的可靠性：

（1）选用既有较高灵敏度又有较强抗干扰能力的高性能传感元件；

（2）改进系统设计，采用多传感元件系统。

一般来说，表决系统既可以提高防止漏报型故障性能，又可以提高防止误报型故障的性能，可以有效地提高安全监控系统的可靠性。

练　习　题

4-1　证明当元素的故障时间分布服从指数分布时，其故障次数分布服从泊松分布。

4-2　某设备故障率为 $10^{-4}/h$，求可靠度为0.90和0.95时的工作时间。

4-3　用9个试件对某产品进行定数截尾试验，截尾试验数 $r=7$，观测到的故障时间分别为150h，450h，500h，590h，600h，650h，700h，估计平均故障时间。

4-4　某电子设备由故障率为 $3.2 \times 10^{-7}/h$ 的元件32支和故障率为 $5.4 \times 10^{-8}/h$ 的元件62支组成。计算该设备的平均故障时间、工作到1000h和10000h的可靠度。

4-5　一架4引擎的飞机，如果两侧各有1台或1台以上的引擎处于对称状态（平衡状态）工作，则飞机可以可靠地工作。设每台引擎的可靠度为0.9，计算飞机的可靠度。

4-6　3台发电机并联运行，设每台发电机的故障率都是0.005/h，维修率是0.01/h，计算该系统故障的概率、系统平均故障间隔时间以及系统处于故障状态的时间。

4-7　设被监控装置出现异常的概率为 p，安全监控系统发生漏报的概率为 α，发生误报的概率为 β，写出安全监控系统可靠度的表达式。

4-8　由3个相同的传感器组成安全监测系统，传感器发生误报的概率为0.10，发生漏报的概率为0.15。

（1）设计安全监测系统使其发生漏报的概率最小，并计算发生误报的概率。

（2）若组成3中取2系统，计算系统发生漏报和误报的概率。

4-9　设备元素相互统计独立，且可靠度皆为 R，求图4-17所示的二极网络系统的可靠度。

4-10　针对一个你比较熟悉的系统提出改善可靠性的办法。

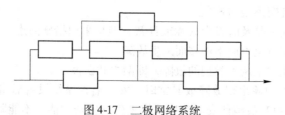

图 4-17　二极网络系统

5 系统安全分析

5.1 系统安全分析概述

系统安全分析（system safety analysis）是从安全角度对系统进行的分析，它通过揭示可能导致系统故障或事故的各种因素及其相互关联来辨识系统中的危险源，以便采取措施消除或控制它们。系统安全分析是系统安全评价的基础，定性的系统安全分析是定量的系统安全评价的基础。

5.1.1 系统安全分析的内容和方法

系统安全分析的目的在于辨识危险源以便在系统运行期间内控制或根除危险源。一般来讲，系统安全分析包括以下内容：

（1）调查和分析可能出现的初始的、诱发的及直接引起事故的各种危险源及其相互关系。

（2）调查和分析与系统有关的环境条件、设备、人员及其他有关因素。

（3）调查和分析利用适当的设备、规程、工艺或材料控制或根除某种特殊危险源的措施。

（4）调查和分析对可能出现的危险源的控制措施及实施这些措施的最好方法。

（5）调查和分析对不能根除的危险源失去或减少控制可能出现的后果。

（6）调查和分析一旦对危险源失去控制，为防止伤害和损害的安全防护措施。

目前人们已开发研究了数十种系统安全分析方法，适用于不同的系统安全分析过程。这些方法可以按实行分析的过程的相对时间分类，也可按分析的对象、内容分类，从分析的数理方法的角度可分为定性分析和定量分析，从分析的逻辑方法出发可分为归纳的方法和演绎的方法。

简单地讲，归纳的方法是从原因推论结果的方法，演绎的方法是从结果推论原因的方法，这两种方法在系统安全分析中都有所应用。从危险源辨识的角度，演绎的方法是从事故或系统故障出发查找与该事故或系统故障有关的危险源，与归纳的方法相比较，可以把注意力集中在有限的范围内，提高工作效率；归纳的方法是从故障或失误出发探讨可能导致的事故或系统故障，再来确定危险源，与演绎的方法相比较，可以无遗漏地考察、辨识系统中的所有危险源。实际工作中可以把两类方法结合起来，以充分发挥各类方法的优点。

在危险源辨识中得到广泛应用的系统安全分析方法主要有如下几种：

（1）检查表法（checklist）；

（2）预先危害分析（preliminary hazard analysis，PHA）；

（3）故障类型和影响分析（failure model and effects analysis，FMEA）；

（4）危险性与可操作性研究（hazard and operability study，HAZOP）；

（5）事件树分析（event tree analysis，ETA）；

（6）故障树分析（fault tree analysis，FTA）；

（7）因果分析（cause-consequence analysis，CCA）。

此外，尚有 What If（如果出现异常将会怎样?）分析，MORT（管理疏忽和危险树）分析等方法，可用于特定目的的危险源辨识。

5.1.2　系统安全分析方法的选择

在系统寿命不同阶段的危险源辨识中，应该选择相应的系统安全分析方法。例如，在系统的开发、设计早期可以应用预先危害分析方法；在系统设计或运行阶段可以应用危险性与可操作性研究、故障类型和影响分析等方法进行详细分析，或者应用事件树分析、故障树分析或因果分析等方法对特定的事故或系统故障进行详细分析。表 5-1 为系统寿命期间内各阶段适用的系统安全分析方法。

表 5-1　系统安全分析方法适用情况

分析方法	开发研制	方案设计	样机	详细设计	建造投产	日常运行	改建扩建	事故调查	拆除
检查表		√	√	√	√	√	√		√
预先危害分析	√	√	√	√			√		
危险性与可操作性研究			√	√		√	√	√	
故障类型影响分析			√	√		√	√	√	
故障树分析			√	√		√	√	√	
事件树分析						√	√	√	
因果分析			√	√		√	√	√	

在选择系统安全分析方法时应根据实际情况，并考虑如下几个问题：分析的目的、可获得的资料、对象的特点、对象的危险性等。

5.1.2.1　分析的目的

选择的系统安全分析方法应该能够满足对分析的要求。虽然系统安全分析的最终目的是辨识危险源，但是在具体工作中可能要实现一些具体目的。例如，应用系统安全分析方法可能是为了下述目的中的某一个或某几个：

（1）查明系统中所有的危险源，列出危险源的清单；

（2）弄清危险源可能导致的事故，列出潜在的事故情况的清单；

（3）确定降低危险性的措施或需要深入研究的部位，列出相应的清单；

（4）危险源排序；

（5）为定量的危险性评价提供数据。

一些系统安全分析方法只能用于查明危险源，而几乎所有的方法都可以用于列出潜在的事故地点清单或确定降低危险性的措施，只有少数方法可以提供定量的数据。

5.1.2.2　可获得的资料

分析者可能获得的资料的多少、详细程度、资料的新旧等，影响选择系统安全分析方法。

一般地，被分析的系统所处的阶段对可能获得的资料有很大影响。例如，分析处于方案设计阶段的系统时，就很难为危险性与可操作性研究或故障类型和影响分析找到足够详细的资料。随着系统年龄的增加，可获得的资料越来越多、越来越详细。

为了进行正确的分析，应该收集最新的、高质量的资料。

5.1.2.3 对象的特点

被分析对象的复杂程度和规模、工艺类型、工艺过程中的操作类型、第一类危险源的类型以及事故和第二类危险源等影响选择系统安全分析方法。

随着对象复杂程度和规模的增加，有些方法需要的工作量和时间相应地增加，这种情况下应该先用较简捷的方法进行筛选，然后确定分析的详细程度，再选择恰当的分析方法。

有些系统安全分析方法更适合于某些类型工艺过程或对象。例如，危险性与可操作性研究适用于分析化工类工艺过程；故障类型和影响分析适用于分析机械、电气系统。因此，应该根据被分析对象的类型选择适用的分析方法。

工艺过程中的操作类型影响事故发生情况。有些类型的操作过程中事故的发生是由单一故障（或失误）引起的；另一些类型的操作过程中事故的发生可能是由许多第二类危险源共同起作用的结果。对于前一种情况，可以选择危险性与可操作性研究；对于后种情况，可以选择事件树分析、故障树分析等方法。

5.1.2.4 对象的危险性

当对象的危险性较高时，分析者、管理者倾向于采用系统的、严格的、预测性的方法，如危险性与可操作性研究、故障类型和影响分析、事件树分析、故障树分析等方法。反之，倾向于采用经验的、不太详细的分析方法，如检查表法等。

对危险性的认识，取决于系统无事故运行时间和严重事故发生次数，以及系统变化情况。

5.1.2.5 其他

影响选择系统安全分析方法的其他因素包括分析者的知识和经验、完成期限、经费支持、分析者和管理者的喜好等。

5.2 预先危害分析

预先危害分析（PHA）主要用于新系统设计、已有系统改造之前的方案设计、选址阶段，人们还没有掌握其详细资料的时候，用来分析、辨识可能出现或已经存在的危险源，并尽可能在付诸实施之前找出预防、改正、补救措施，消除或控制危险源。

预先危害分析的优点在于允许人们在系统开发的早期识别、控制危险因素，可以用最小的代价消除或减少系统中的危险源，它为制定整个系统寿命期间的安全操作规程提出依据。

5.2.1 预先危害分析程序

进行预先危害分析时，首先利用安全检查表、经验和技术判断的方法查明第一类危险源存在部位，然后识别使第一类危险源演变为事故的第二类危险源（触发因素和必要条件），研究可能的事故后果及应该采取的措施。

预先危害分析包括准备、审查和结果汇总3个阶段的工作。

5.2.1.1 准备工作

在进行分析之前要收集对象系统的资料和其他类似系统或使用类似设备、工艺物质的系统的资料。关于对象系统，要弄清其功能、构造，为实现其功能选用的工艺过程、使用的设备、物质、材料等。由于预先危害分析是在系统开发的初期阶段进行的，所以可以获得的有关对象系统的资料是有限的。在实际工作中需要借鉴类似系统的经验来弥补对象系统资料的不足。应该尽可能获得类似系统、类似设备的安全检查表。

5.2.1.2 审查

通过对方案设计、主要工艺和设备的安全审查，辨识其中的主要第一类危险源及其相关的第二类危险源，也包括审查设计规范和采取的消除、控制危险源的措施。

一般地，应按照预先编好的安全检查表进行审查，其审查内容主要有以下几方面：

（1）危险设备、场所、物质（第一类危险源）；

（2）有关安全的设备、物质间的交接面，如物质的相互反应、火灾爆炸的发生及传播、控制系统等；

（3）可能影响设备、物质的环境因素，如地震、洪水、高（低）温、潮湿、振动等；

（4）运行、试验、维修、应急程序，如人失误后果的严重性、操作者的任务、设备布置及通道情况、人员防护等；

（5）辅助设施，如物质、产品储存，试验设备，人员训练，动力供应等；

（6）有关安全的设备，如安全防护设施、冗余设备、灭火系统、安全监控系统、个人防护设备等。

根据审查结果，确定系统中的主要危险源，研究其产生原因和可能导致的事故。根据导致事故原因的重要性和事故后果的严重程度，把危险源进行粗略的分类。一般地，可以把危险源划分为4级。

Ⅰ级：安全的，可以忽略；

Ⅱ级：临界的，有导致事故的可能性，事故后果轻微，应该注意控制；

Ⅲ级：危险的，可能导致事故、造成人员伤亡或财物损失，必须采取措施加以控制；

Ⅳ级：灾难的，可能导致事故、造成人员严重伤亡或财物巨大损失，必须设法消除。

针对辨识出的主要危险源，可以通过修改设计、增加安全措施来消除或控制它们，从而达到系统安全的目的。

5.2.1.3 结果汇总

以表格的形式汇总分析结果。典型的结果汇总表包括主要的事故、产生原因、可能的后果、危险性级别、应采取的措施等栏目。

5.2.2 应用实例

5.2.2.1 硫化氢输送系统

现在考察一例把硫化氢（H_2S）输送到反应装置的设计方案。

在设计的初期，分析者只知道在工艺过程中处理的物质是硫化氢，以及硫化氢有毒、可燃烧。于是，把硫化氢意外泄漏作为可能的事故，分析导致事故发生的原因：

（1）盛装硫化氢的压力容器泄漏或破裂；

（2）化学反应中硫化氢过剩；

（3）反应装置供料管线泄漏或破裂；

（4）在连接硫化氢储罐和反应装置的过程中发生泄漏。

然后，考察事故后果及应采取的危险源控制措施。

当发生大量硫化氢泄漏时，将对附近人员产生致命伤害，其危险程度视泄漏情况为Ⅲ级和Ⅳ级。

为了防止泄漏事故发生，分析者向设计人员提出如下建议：

（1）考虑用一种低毒性物质在需要时能产生硫化氢的工艺；

（2）开发一套收集和处理过剩硫化氢的系统；

（3）采用硫化氢泄漏报警装置；

（4）现场仅储存最小量的硫化氢，不会输送、处理过量；

（5）开发符合人机学要求的储罐连接程序；

（6）设置由硫化氢泄漏监控系统驱动的水封系统封闭储罐；

（7）把储罐布置在远离其他道路、方便输送的地方；

（8）在投产之前教育、训练职工了解硫化氢的危害，掌握应急程序。

表 5-2 为硫化氢输送系统预先危害分析结果汇总表。

表 5-2 硫化氢输送系统预先危害分析（部分）

事　故	事故原因	事故后果	危险级别	建议的安全措施
毒物泄漏	储罐破裂	大量泄漏导致人员伤亡	Ⅳ	（1）采用泄漏报警系统； （2）采用最小储存量； （3）制定巡检规程
毒物泄漏	反应过剩	大量泄漏导致人员伤亡	Ⅲ	（1）采用过剩硫化氢收集处理系统； （2）采用安全监控系统； （3）制定规程保证收集系统先于装置运行

5.2.2.2 高炉拆装工程预先危害分析

在钢铁厂里需要定期进行高炉大修。鞍山钢铁公司针对高炉拆装工程进行的预先危害分析结果汇总列于表 5-3。其中，把危险性分为发生事故可能性和后果严重程度两栏。发生事故可能性等级划分见表 5-4。

表 5-3 高炉拆装工程预先危害分析（部分）

施工阶段	危　害	发生可能性	危害严重度	预防措施
拆除阶段	（1）人员高处坠落	D	Ⅱ	设安全网，加强个体防护
	（2）高处脱落构件击伤人员	B	Ⅱ～Ⅲ	划出危险区域并设立明显标志
	（3）爆破拆除基础伤人	C	Ⅱ	正确布孔，合理装药，定时爆破，设爆破信号及警戒
土建阶段	（1）塌方	A	Ⅱ～Ⅲ	阶段性放坡，监控裂隙
	（2）脚手架火灾	D	Ⅱ	严禁明火
安装阶段	（1）高处坠落	D	Ⅱ	设安全网，加强个体防护
	（2）落物伤人	B	Ⅱ～Ⅲ	材料妥善存放，严禁向下抛掷
	（3）排栅倒塌	B	Ⅱ～Ⅲ	定期检查、修理
	（4）排栅火灾	D	Ⅱ～Ⅲ	注意防火
	（5）电焊把线漏电	B	Ⅱ	集中存放电焊机，架空电焊把线安装安全装置，定期检查，严格控制引火源
	（6）乙炔发生器爆炸	C	Ⅱ	
	（7）吊物坠落	B	Ⅱ	定期检修设备及器械

表 5-4　事故发生可能性分级

级　别	发生可能性	级　别	发生可能性
A	经常发生	D	很少发生
B	容易发生	E	不易发生
C	偶尔发生	F	极难发生

5.3　故障类型和影响分析

故障类型和影响分析（FMEA）是对系统的各组成部分、元素进行的分析。系统的组成部分或元素在运行过程中会发生故障，并且往往可能发生不同类型的故障。例如，电气开关可能发生接触不良或接点粘连等类型故障。不同类型的故障对系统的影响是不同的。这种分析方法首先找出系统中各组成部分及元素可能发生的故障及其类型，查明各种类型故障对邻近部分或元素的影响以及最终对系统的影响，然后提出避免或减少这些影响的措施。

故障类型和影响分析是一种归纳的系统安全分析方法。

最初的故障类型和影响分析只能做定性分析，后来在分析中包括了故障发生难易程度的评价或发生的概率。更进一步地，把它与危险度分析（critical analysis）结合起来，构成故障类型和影响、危险度分析（FMECA）。这样，如果确定了每个元素的故障发生概率，就可以确定设备、系统或装置的故障发生概率，从而定量地描述故障的影响。

5.3.1　故障类型

系统或元素在运行过程中性能低下而不能实现预定功能时，则称发生了故障。

产品或设备发生故障的机理十分复杂，故障类型是由不同故障机理显现出来的各种故障现象的表现形式，因而也很复杂。一般来说，一件产品或一台设备往往有多种故障类型。

表 5-5 列出了一般机电产品、设备常见故障类型。

表 5-5　常见故障类型

结构破损	外　漏	不能开机	无输入
机械性卡住	超出允许上限	不能关机	无输出
振　动	超出允许下限	不能切换	电短路
不能保持在指定位置上	间断运行	提前运行	电开路
不能开启	运行不稳定	滞后运行	漏　电
不能关闭	意外运行	输入量过大	其　他
误　开	错误指示	输入量过小	
误　关	流动不畅	输出量过大	
内　漏	假运行	输出量过小	

弄清产品、设备、元件的全部故障类型及其影响，才能恰当地采取防止故障的措施。有时忽略了一些故障类型，则可能因为没有采取防止这些类型故障的措施而发生事故。例如，美国在研制 NASA 卫星系统时，仅考虑了旋转天线汇流环开路故障而忽略了短路故障，结果由于天线汇流环短路故障，发射失败，造成 1 亿多美元的损失。

了解产品、设备、元件的故障类型需要大量的实际工作经验，特别是通过故障类型和影响分析来积累经验。

5.3.2 分析程序

故障类型和影响分析一般程序包括如下 4 方面的工作：

（1）定义对象系统；

（2）分析系统元素的故障类型和产生原因；

（3）研究故障类型的影响；

（4）结论和建议。

5.3.2.1 确定对象系统

进行故障类型和影响分析之前必须确定被分析的对象系统边界条件和分析的详细程度。

确定对象系统的边界条件包括以下内容：

（1）明确作为分析对象的系统、装置或设备。

（2）确定进行分析的物理的系统边界。划清对象系统、装置、设备与邻接系统、装置、设备的界限，圈定所属的元素（设备、元件）。

（3）确定系统分析的边界，它包括两方面的问题：

1）明确分析时不需考虑的故障类型、运行结果、原因或防护装置等，如分析故障原因时不考虑飞机坠落到系统上、地震、龙卷风等；

2）明确初始运行条件或元素状态等，例如作为初始运行条件必须明确正常情况下阀门是开启还是关闭的；

（4）收集元素的最新资料，包括其功能、与其他元素之间的功能关系等。

分析的详细程度取决于被分析系统的规模和层次。例如，选定一座化工厂作为对象系统时，故障类型和影响分析应着眼于组成工厂的各个生产系统，如供料系统、间歇混合系统、氧化系统、产品分离系统和其他辅助系统等，分析这些系统的故障类型及其对工厂的影响。当把某个生产系统作为对象系统时，应该分析构成该系统的设备的故障类型及其影响。当以某一台设备为分析对象时，则应分析设备的各部件的故障类型及其对设备的影响。当然，分析各层次故障类型和影响时最终都要考虑它们对整个工厂的影响。

5.3.2.2 分析系统元素的故障类型和产生原因

在分析系统元素的故障类型时，要把它看做是故障原因产生的结果。首先，找出所有可能的故障类型，同时找出每种故障类型的可能原因，最后确定系统元素的故障类型。

确定故障类型可以从以下两方面着手：

（1）如果分析对象是已有元素，则可以根据以往运行经验或试验情况确定元素的故障类型；

（2）如果分析对象是设计中的新元素，则可以参考其他类似元素的故障类型，或者对元素进行可靠性分析来确定元素的故障类型。

一般地，1 个元素至少有 4 种可能的故障类型：

（1）意外运行；

（2）不能按时运行；

（3）不能按时停止；

（4）运行期间故障。

为了区分故障类型和故障原因，必须明确元素的故障是故障原因对元素功能影响的结果。

故障原因可以从内部原因和外部原因两个方面来分析。

在分析时要把元素进一步分解为若干组成部分，如机械部分、电气部分等，然后研究这些部分的故障类型（内部原因）和这些部分与外界环境之间的功能关系，找出可能的外部原因。一般来说，外部原因主要是元素运行的外部条件方面的问题，同时也包括邻近的其他元素的故障。

根据故障原因分析，最后确定元素的故障类型。图 5-1 为确定元素故障类型的程序。

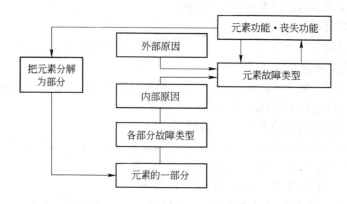

图 5-1　确定元素故障类型的程序

5.3.2.3　研究故障类型的影响

在假设其他元素都正常运行或处于可以正常运行的状态的前提下，系统地、全面地研究、评价一个元素每种故障类型对系统的影响。

研究故障类型的影响，可以通过考察主要的系统参数及其变化来确定故障类型对系统功能的影响，有时也可以通过建立故障后果的物理模型或根据经验来研究故障类型的影响。

通常从 3 个方面来研究元素故障类型的影响：

（1）该元素故障类型对相邻元素的影响，它们可能是其他元素故障的原因。

（2）该元素故障类型对整个系统的影响。作为一种危险源辨识方法，故障类型和影响分析更重视元素故障类型导致重大系统故障或事故的情况。

（3）该元素故障类型对邻近系统的影响及对周围环境的影响。

5.3.2.4　故障类型和影响分析表格

利用预先准备好的表格，可以系统地、全面地进行故障类型和影响分析。在分析结束后把分析结果汇总，编制一览表，可以简洁明了地显示全部分析内容。故障类型和影响分析表格形式很多，分析者可以根据分析的目的、要求设立必要的栏目。

5.3.3　应用实例

5.3.3.1　电机运行系统故障类型和影响分析

一电机运行系统如图 5-2 所示，该系统是一种短时运行系统，如果运行时间过长则可能引起电线过热或者电机过热、短路。对系统中主要元素进行故障类型和影响分析，结果列于表 5-6。

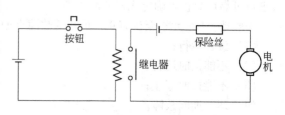

图 5-2　电机运行系统示意图

表 5-6 电机运行系统故障类型和影响分析

元素	故障类型	可能的原因	对系统影响
按钮	卡 住	机械故障	电机不转
	接点断不开	机械故障 人员没放开按钮	电机运转时间过长 短路会烧毁保险丝
继电器	接点不闭合	机械故障	电机不转
	接点不断开	机械故障 经过接点电流过大	电机运转时间过长 短路会烧毁保险丝
保险丝	不熔断	质量问题 保险丝过粗	短路时不能断开短路
电机	不 转	质量问题 按钮卡住 继电器接点不闭合	丧失系统功能
	短 路	质量问题 运转时间过长	电路电流过大烧毁保险丝，使继电器接点粘连

5.3.3.2 空气压缩机储罐的故障类型和影响分析

空气压缩机的储罐属于压力容器，其功能是储存空气压缩机产生的压缩空气。这里仅考察储罐的罐体和安全阀两个元素的故障类型及其影响，分析结果列于表 5-7。

表 5-7 储气罐的故障类型和影响分析

故障类型	故障的影响	故障原因	故障的识别	校正措施
轻微漏气	能耗增加	接口不严	漏气噪声，空压机频繁打压	加强维修保养
严重漏气	压力迅速下降	焊接裂隙	压力表读数下降，巡回检查	停机修理
破 裂	压力迅速下降，损伤人员设备	材料缺陷、受冲击等	压力表读数下降，巡回检查	停机修理

5.3.4 故障类型和影响、危险度分析

把故障类型和影响分析从定性分析发展到定量分析，则形成了故障类型和影响、危险度分析（failure modes effects and criticality analysis，FMECA）。

故障类型和影响、危险度分析包括两个方面的分析：

（1）故障类型和影响分析；

（2）危险度分析。

危险度分析的目的在于评价每种故障类型的危险度。一般地，采用概率-严重度来评价故障类型的危险度。这里，概率为故障类型出现的概率，严重度为故障后果的严重度。在用这种方法进行危险度分析时，通常把概率和严重度分别划分为若干等级。例如，美国的杜邦公司把概率划分为 6 个等级，严重度划分为 3 个等级（见表 5-8）。也有用危险度一个指标来评价的情况。

表 5-8　起重机的故障类型和影响、危险度分析（部分）

项　目	构成元素	故障模式	故障影响	危险程度	故障发生概率	检查方法	校正措施注意事项
防止过卷装置	电气零件 机械部分 安装螺栓	动作不可靠 变形、生锈 松动	误动作 破损 误、欠动作	大 中 小	10^{-2} 10^{-4} 10^{-3}	通电检查 观　察 观　察	立即修理 警　惕 立即修理
钢丝绳	绳 钢丝	变形、扭结 15% 切断	切断 切断	中 大	10^{-4} 10^{-1}	观　察 观　察	立即更换 立即更换

注：危险程度　　　大（危险）　　　中（临界）　　　小（安全）
校正措施　　　立即停止作业　　看准机会修理　　　注　意
发生概率　　　非常容易发生　　　　　　$1×10^{-1}$
　　　　　　　容易发生　　　　　　　　$1×10^{-2}$
　　　　　　　偶尔发生　　　　　　　　$1×10^{-3}$
　　　　　　　不常发生　　　　　　　　$1×10^{-4}$
　　　　　　　几乎不发生　　　　　　　$1×10^{-5}$
　　　　　　　很难发生　　　　　　　　$1×10^{-6}$

当用危险度指标时，可按下式计算危险度：

$$C = \sum_{i=1}^{n} (\alpha\beta k_1 k_2 \lambda t)_i \tag{5-1}$$

式中　C——系统的危险度；

n——导致系统重大故障或事故的故障类型数目；

α——导致系统重大故障或事故的故障类型数目占全部故障类型数目的比例；

β——导致系统重大故障或事故的故障类型出现时，系统发生重大故障或事故的概率；

k_1——实际运行状态的修正系数；

k_2——实际运行环境条件的修正系数；

λ——元素的基本故障率；

t——元素的运行时间。

表 5-9 列出了供参考的 β 值。

表 5-9　参考的 β 值

影　响	发生概率（β）
实际损失	$\beta = 1.00$
可以预计的损失	$0.10 \leqslant \beta < 1.00$
可能出现的损失	$0 < \beta < 0.10$
没有影响	$\beta = 0$

5.4　危险性与可操作性研究

危险性与可操作性研究是英国帝国化学工业公司（ICI）于 1974 年开发的，用于热力-水力系统安全分析的方法。它应用系统的审查方法来审查新设计或已有工厂的生产工艺和工程意图，以评价因装置、设备的个别部分的误操作或机械故障引起的潜在危险，并评价其对整个工厂的影响。可以认为，危险性与可操作性研究是故障类型和影响分析的改版，它特别适合于化工过程那样的系统的安全分析。

　　危险性与可操作性研究需要由一组人而不是一人实行，这一点有别于其他系统安全分析方法。通常，分析小组成员应该包括相关各领域的专家，采用头脑风暴法（brainstorming）来进行创造性的工作。

5.4.1　基本概念和术语

　　开展危险性与可操作性研究时，全面地审查工艺过程，对各个部分进行系统的提问，发现可能的偏离设计意图的情况，分析其产生原因及其后果，并针对其产生原因采取恰当的控制措施。

　　危险性与可操作性研究中使用许多专门术语，常用的术语如下：

　　（1）意图（intention）。意图指希望工艺的某一部分完成的功能，可以用多种方式表达，在很多情况下用流程图描述。

　　（2）偏离（deviation）。偏离指背离设计意图的情况，在分析中运用引导词系统地审查工艺参数来发现偏离。

　　（3）原因。引起偏离的原因，可能是物的故障、人失误、意外的工艺状态（如成分的变化）或外界破坏等。

　　（4）后果。后果指偏离设计意图所造成的后果（如有毒物质泄漏等）。

　　（5）引导词（guide words）。引导词是在辨识危险源的过程中引导、启发人的思维，对设计意图定性或定量的简单词语。表5-10为危险性与可操作性研究的引导词。

表5-10　危险性与可操作性研究的引导词

引导词	意　义	注　释
没有或不	对意图的完全否定	意图的任何部分没有达到，也没有其他事情发生
较　多 较　少	量的增加 量的减少	原有量正增值，或原有活动的增加 原有量负增值，或原有活动的减少
也，又 部　分	量的增加 量的减少	与某些附加活动一起，达到全部设计或操作意图 只达到一些意图，没达到另一些意图
反　向 不同于 非	与意图相反 完全替代	与意图相反的活动或物质 没有一部分达到意图 发生完全另外的事情

　　（6）工艺参数。工艺参数反映有关工艺的物理或化学特性，它包括一般项目，如反应、混合、浓度、pH值等，以及特殊项目，如温度、压力、相态、流量等。

　　当工艺的某个部分或某个操作步骤的工艺参数偏离了设计意图时，系统的运行状态将发生变化，甚至造成系统故障或事故。

　　在进行危险性与可操作性研究时，依次利用引导词，如"不（没有）"、"多"、"少"等，设想对象部分或操作步骤出现了由引导词与工艺参数相结合而构成的与意图的偏离，如"没流量"、"流量过大"等。于是就可以详细地分析出现偏离的可能原因、偏离可能造成的后果，进而研究为防止出现偏离应该采取的措施。

表 5-11 列出了对一般生产工艺进行危险性与可操作性研究时常用的工艺参数。

表 5-11　常用工艺参数

流　量	时　间	频　率	混　合
压　力	成　分	黏　度	添　加
温　度	pH 值	浓　度	分　离
液　位	速　度	电　压	反　应

表 5-12 列出了引导词与工艺参数相结合设想偏离的例子。

表 5-12　应用引导词与工艺参数设想偏离

引导词	+	工艺参数	=	偏　离
没有	+	流量	=	没流量
较多	+	压力	=	压力升高
又	+	一种相态	=	两种相态
非	+	运行	=	维修

5.4.2　分析程序

5.4.2.1　准备工作

危险性与可操作性研究的准备工作包括以下内容：

（1）确定分析的目的、对象和范围。首先，必须明确进行危险性与可操作性研究的目的，确定研究的系统或装置等。分析目的可以是审查一项设计，如选择对公众最安全的厂址，也可以是审查现行的指令、规程是否完善，以及找出工艺过程中的危险源等。在确定研究对象时要明确问题的边界、研究的深入程度等。

（2）成立研究小组。开展危险性与可操作性研究需要利用集体的智慧和经验。小组成员以 5~7 人为佳，人员过少时由于知识面较窄而分析结果可靠性差；人员过多时组织、协调困难。小组成员应该包括有关各领域专家、对象系统的设计者等。

（3）获得必要的资料。危险性与可操作性研究资料包括各种设计图纸、流程图、工厂平面图、等比例图和装配图，以及操作指令、设备控制顺序图、逻辑图或计算机程序，有时还需要工厂或设备的操作规程和说明书等。

（4）制订研究计划。在收集了足够的资料之后，研究的领导者要制订研究计划。首先要估计研究工作需要的时间。根据经验估计分析每个工艺部分或操作步骤花费的时间，再估计全部研究需花费的时间。然后安排会议和每次会议研究的内容。

5.4.2.2　开展审查

通过会议的形式对工艺的每个部分或每个操作步骤进行审查。会议组织者以各种形式的提问来启发大家，让大家对可能出现的偏离、偏离的原因、后果及应采取的措施发表意见。具体工作程序如图 5-3 所示。

5.4.3　应用实例

本节介绍 DAP 工艺系统危险性与可操作性研究的实例。

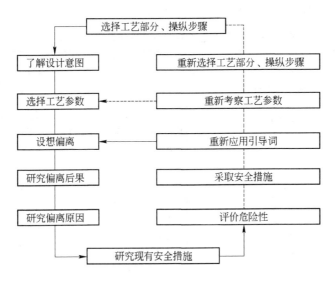

图 5-3 危险性与可操作性研究程序

DAP 是磷酸联二铵（diammonium phosphate）的英文缩写。考察图 5-4 所示的 DAP 工艺系统。

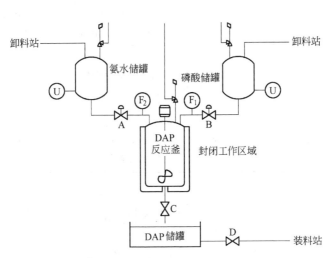

图 5-4 DAP 工艺系统

DAP 由氨水与磷酸反应生成。生产过程中调节氨水储罐与反应釜之间管线上的阀门 A、磷酸储罐与反应釜之间管线上的阀门 B，分别控制进入反应釜的氨和磷酸的速率。

当磷酸进入反应釜速率相对氨进入速率高时，会生成另一种不需要的物质，但没有危险。当磷酸和氨两者进入反应釜速率都高于额定速率时，反应释放能量增加，反应釜可能承受不了温度和压力的迅速增加。当氨进入反应釜速率相对磷酸进入速率高时，过剩的氨可能随 DAP 进入敞口的储罐，挥发的氨可能伤害人员。

这里选择磷酸储罐与反应釜之间的管线部分为分析对象，则该部分的设计意图是向反应釜输送一定量的磷酸，其工艺参数是流量。把 7 个引导词与工艺参数"流量"相结合，设想各种可能出现的偏离。

表 5-13 为该工艺部分危险性与可操作性研究的结果。

表 5-13 DAP 工艺危险性与可操作性研究（部分）

引导词	偏 离	可能原因	后 果	措 施
没 有	没有流量	磷酸储罐中无料； 流量计故障（指示偏离）； 操作者调节磷酸量为零； 阀门 B 故障而关闭； 管线堵塞； 管线泄漏或破裂	反应釜中氨过量而进入 DAP 储罐并挥发到工作区域	定期维修和检查阀门 B； 定期维护流量计； 安装氨检测器和报警器； 安装流量监控报警、紧急停车系统； 工作区域通风； 采用封闭式储罐
多	流量大	阀门 B 故障； 流量计故障（指示偏低）； 操作者调节磷酸量过大	反应釜中磷酸过量； 若氨量也大则反应释放大量热； 生成不需要的物质； DAP 储罐液位过高	定期维护和检查阀门 B； 定期维护流量计； 安装液位监控报警、紧急停车系统
少	流量小	阀门 B 故障； 流量计故障（指示偏高）； 操作者调节磷酸量过小	同"没有流量"的后果	同"没有流量"的措施
以 及	输送磷酸和其他物质	原料不纯； 原料入口处混入其他物质	生成不需要的物质； 混入物或生成物可能有害	定期检查原料成分； 定期维护和检查管路系统
部 分	磷酸含量不足	原料不纯	生成不需要的物质； 混入物或生成物可能有害	定期检查原料成分
反 向	反向输送	反应釜泄放口堵塞	磷酸溢出	定期维护和检查反应釜
其 他	送入的不是磷酸	磷酸储罐中物料不是磷酸	可能发生意外反应； 可能带来潜在危险； 可能使反应釜中氨过量	定期检查原料成分

5.5 事件树分析

事件树分析是一种按事故发展的时间顺序由初始事件开始推论可能的后果，从而进行危险源辨识的方法。

一起事故的发生是许多原因事件相继发生的结果，其中一些事件的发生是以另一些事件首先发生为条件的。事件树以一初始事件为起点，按每一事件可能的后续事件只能取完全对立的两种状态（成功或失败，正常或故障，安全或危险等）之一的原则，逐步向结果方面发展，直到达到系统故障或事故为止。

事件树分析起源于决策树（decision tree）分析，是一种归纳的系统安全分析方法，可以用于定性分析，也可以用于定量分析。

这种系统安全分析方法最初用于核电站的安全分析，并且直至今日仍然是核电站应用的主要系统安全分析方法之一。由于事件树方法特别适用于表达事件之间的时间顺序，在其他工业领域也有广泛应用。

5.5.1 事件树定性分析

事件树定性分析的基本内容是，通过编制事件树研究系统中的危险源如何相继出现而最终导致系统故障或事故。编制事件树时需要确定初始事件、判定安全功能、发展事件树和简化事件树。编制事件树的主要步骤如下所述。

5.5.1.1 确定初始事件

事件树分析是一种系统地研究作为危险源的初始事件如何与后续事件形成事故连锁而导致事故的方法。正确选择初始事件十分重要。初始事件可以是系统或设备的故障、人失误或工艺参数偏离等可能导致事故的事件。如果选择的初始事件直接导致事故，则应利用故障树分析而不用事件树分析。一般地，初始事件是一种先行事件，针对它，一些系统、屏蔽或程序将做出反应消除或减轻其影响。

可以用两种方法确定初始事件：

（1）根据系统设计、系统危险性评价、系统运行经验或事故经验等确定；

（2）根据系统重大故障或事故的原因分析故障树，从其中间事件或初始事件中选择。核电站系统安全分析中，经常采用这种方法确定事件树的初始事件。

5.5.1.2 判定安全功能

系统中包含许多安全功能（安全系统、操作者的行为等），在初始事件发生时消除或减轻其影响以维持系统的安全运行。常见的安全功能列举如下：

（1）提醒操作者初始事件发生了的报警系统；

（2）根据报警或程序要求操作者采取的措施；

（3）缓冲装置，如减振、压力泄放系统或排放系统等；

（4）局限或屏蔽措施等。

5.5.1.3 发展事件树和简化事件树

从初始事件开始，自左至右发展事件树。首先考察初始事件一旦发生时应该最先起作用的安全功能。把可能发挥功能（又称正常或成功）的状态画在上面的分支；把不能发挥功能（又称故障或失败）的状态画在下面的分支。然后，依次考虑各种安全功能的两种可能状态，把发挥功能的状态画在上面的分支；把不能发挥功能的状态画在下面的分支，直到达到系统故障或事故为止。

在发展事件树的过程中，会遇到一些与初始事件或事故无关的安全功能，或者其功能关系相互矛盾、不协调的地方，应该省略、去除它们。

图 5-5 为根据安全功能发展、化简事件树的情况。

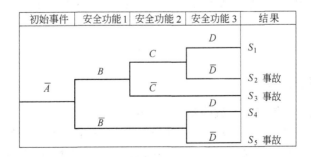

图 5-5 编制事件树

5.5.1.4 找出事故连锁和预防事故的途径

编制出事件树后就可以进行下面的事件树分析了。

A 事故连锁

事件树的各分支代表初始事件一旦发生后其可能的发展途径。其中，最终导致事故的途径即为事故连锁。一般地，导致系统事故的途径有很多，即有许多事故连锁。

事故连锁中包含的初始事件和安全功能故障的后续事件之间具有"逻辑与"的关系，构成了事件的最小割集合。事件树中包含有多少条事故连锁，就包含有多少个最小割集合。显然，最小割集合越多，系统越不安全。

B 预防事故的途径

事件树中最终达到安全的途径指导我们如何采取措施预防事故。在达到安全的途径中，安全功能正常的事件构成事件树的最小径集合。如果能保证这些安全功能发挥作用，则可以防止事故。一般地，事件树中包含的最小径集合可能有多个，即可以通过若干途径来防止事故发生。

由于事件树表现了事件间的时间顺序，为了防止事故，应该尽可能地从最先发挥功能的安全功能着手采取措施。

5.5.2 事件树定量分析

事件树定量分析的基本内容是由各事件的发生概率计算系统故障或事故发生的概率。一般地，当各事件之间相互统计独立时，其定量分析比较简单，当事件之间相互统计不独立时（如共同原因故障、顺序运行等），则定量分析变得非常复杂。这里仅讨论前一种情况。

5.5.2.1 各发展途径的概率

各发展途径的概率等于自初始事件开始的各事件发生概率的乘积。例如，图 5-5 所示事件树中各发展途径的概率计算如下：

$$P[S_1] = P[\bar{A}] \cdot P[B] \cdot P[C] \cdot P[D]$$

$$P[S_2] = P[\bar{A}] \cdot P[B] \cdot P[C] \cdot P[\bar{D}]$$

$$P[S_3] = P[\bar{A}] \cdot P[B] \cdot P[\bar{C}]$$

$$P[S_4] = P[\bar{A}] \cdot P[\bar{B}] \cdot P[D]$$

$$P[S_5] = P[\bar{A}] \cdot P[\bar{B}] \cdot P[\bar{D}]$$

5.5.2.2 事故发生概率

事件树定量分析中，事故发生概率等于导致事故的各发展途径的概率和。对于图 5-5 所示的事件树，其事故发生概率为：

$$P = P[S_2] + P[S_3] + P[S_5]$$

5.5.3 事件树分析应用实例

5.5.3.1 露天矿断钩跑车事故的事件树分析

某露天矿铁路运输过程中，一列上坡行驶的列车的尾车联结器钩舌断裂，造成尾车沿坡道下滑。由于调车员没有及时采取制止车辆下滑措施，车速不断增加。当尾车滑行到 135 站时，该站运转员错误地将车放入上线。尾车进入上线后继续滑行，经过 117 站时该站运转员束手无策。结果，尾车与前方的检修车、移道机相撞，造成多人伤亡的事故。

选择断钩跑车为初始事件，针对该初始事件有 3 种安全功能：

（1）调车员采取制动措施；

（2）135 站运转员将尾车放入安全线；

（3）117 站运转员将尾车放入安全线。

由初始事件开始发展事件树，得到图 5-6 所示的事件树。

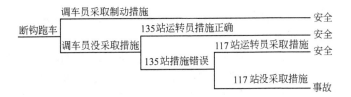

图 5-6　断钩跑车事件树

该事件树中有 1 条事故连锁和 3 条防止事故的途径。相应地，发生撞车造成人员伤亡的可能性是较小的。

5.5.3.2　氧化反应釜缺少冷却水事件树分析

以氧化反应釜缺少冷却水事件为初始事件，相关的安全功能有如下 3 种：

（1）当温度达到 T_1 时高温报警器提醒操作者；

（2）操作者增加供给反应釜冷却水量；

（3）当温度达到 T_2 时自动停车系统停止氧化反应。

编制的事件树如图 5-7 所示。该事件树中有 2 条事故连锁和 3 条防止事故的途径。

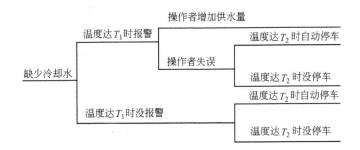

图 5-7　"缺少冷却水"事件树

5.6　人失误概率预测

5.6.1　人失误概率

作为第二类危险源的人失误的定量预测，在系统安全评价与预测中是个不可忽视的问题。一般地，用人失误发生概率来定量地描述人员从事某项活动时发生人失误的难易程度。

与物的故障概率相类似，人失误概率可以广义地表达为：

$$E(t) = 1 - e^{-\int_0^t h(t)dt} \tag{5-2}$$

式中，$h(t)$ 为失误率函数，表明人员从事该项活动到 t 时刻时单位时间内发生失误的比率。

人与物不同，物发生故障后将一直处于故障状态，除非有人修理，否则不会自行恢复到正常状态；人发生失误后可能自己发现失误并改正失误，即具有纠错能力。纠错概率可以表达为：

$$R_e(t) = 1 - e^{-\int_0^t r(t) dt} \tag{5-3}$$

式中，$r(t)$ 为纠错率函数。

实际上，影响人失误率函数和纠错率函数的因素非常多，因此确定它们是件极端困难的事情，使得这些公式无法实际应用。

关于人失误定量问题，人们已经进行了大量研究，研究、开发出了许多种实用的人失误概率预测模型。例如，在 1985 年，汉纳曼（G. W. Hannaman）就曾经介绍过 16 种人失误定量模型。在众多的人失误定量模型中，最著名的是 1962 年由斯文（Swain）开发的人失误率预测技术。在核电站概率危险性评价中应用该技术成功地预测了人失误概率，并且，该技术也被应用于其他领域的人失误概率预测中。

一般地，在预测完成某项操作任务的人失误发生概率时要考虑如下的影响因素：

（1）行为的复杂性；

（2）时间的充裕性；

（3）人、机、环境匹配情况；

（4）操作者的紧张度；

（5）操作者的经验和训练情况。

其中，行为的复杂性主要取决于工作任务。在工业生产中，人员的工作任务可分成如下 5 类：

（1）简单任务，即由一些需要稍加决策的顺序操作组成的操作即可完成的任务，如打开手动阀。

（2）复杂任务，即已经明确规定的且需要决策的一系列操作任务，一些问题需要操作者处理，如进行事故诊断、异常诊断等。

（3）要求警觉的任务，即一些发现信号或警报工作的任务。这种任务要求操作者对信号或警报保持警觉。从事这种任务时，影响人失误概率的主要因素包括等待时间长度、注意集中程度、信号种类和频率、发现信号或警报后必须采取的行动的类型等。

（4）检验任务，即操作者必须做出决策的监视、检验多变量工艺过程的任务。执行这种任务时，操作者必须防止扰动引起严重故障。

（5）应急任务，即异常出现时或事故发生时操作者面临的任务。任务的内容可能在很大的范围内变化，可能是条件反射式的反应，也可能需要寻找新的解决办法。当异常后果十分严重时，操作者可能面临严重危险而心理高度紧张，失误发生概率迅速增加。

5.6.2   人失误分析

人失误分析是人失误概率预测的基础，它包括预测人失误、选择重要人失误和详细分析人失误 3 个方面的工作。

5.6.2.1   预测人失误

预测人失误是人失误分析的第一步，其内容是找出人员在操作过程中可能发生的人失误。预测人失误要按照人失误的定义来进行，参照人失误分类可以系统地、全面地找出各类失误。

例如，按人失误表现形式的分类来预测：

（1）遗漏或遗忘——没有完成规定的行为；

（2）做错——错误地完成规定的行为；

（3）进行规定以外的行为。

首先必须弄清规定的行为是什么。为此，需要了解操作程序、定期试验程序和维修程序，研究在哪些环节上可能遗漏或遗忘规定的行为，在哪些环节上可能会产生什么样错误的行为或错误的行为结果。一些重要的操作是考虑的重点，但是也不要忽略进行相对不太重要的操作可能产生后果严重的失误的情况。

预测可能发生的第三类失误，即操作者可能产生什么样的额外行为，是件十分困难的事情。为了解决这个问题，可以参考以往的人失误资料或类似系统运行经验，甚至利用模拟器进行试验操作来发现可能发生的人失误。

利用以往的人失误资料对预测任何种类的失误都是有益的，因此，应该不断积累关于人失误的资料。

利用系统安全分析方法中的故障模式和影响分析、故障树分析和事件树分析等方法，可以找出导致系统故障或系统事故的人失误。

5.6.2.2　选择重要人失误

详细分析所有预测出的人失误既不可能也不必要，实际上只能选择其中一些重要的人失误进行详细分析。人失误的重要性取决于如下因素：

（1）人失误的后果。如果人失误直接导致事故或重大的系统故障，则该人失误重要；如果人失误必须与若干其他人失误或故障同时出现才导致事故或重大系统故障，则该人失误不太重要。

（2）与人失误同时发生而导致事故或重大系统故障的其他人失误或故障发生的概率。如果它们发生的概率大，则该人失误重要。

（3）人失误发生概率。人失误发生概率越大，则重要性越大。

作为一种定性的选择，我们可以去掉那些只有与许多其他人失误或故障同时发生才能导致事故或重大系统故障的人失误。值得注意的是，其他人失误或故障发生概率高时，该人失误的重要性会增加，因此一般只去除与相当多的其他人失误或故障同时发生才能导致事故或系统故障的人失误。

作为一种粗略的定量选择，考虑与人失误同时发生而导致事故或重大系统故障的其他人失误或故障的数目，并设其中的人失误概率全部为1、物的故障概率为实际值，把这些概率值连乘求出它们导致事故或重大系统故障的概率，如果求出的概率值小于某一定值，则可去掉这些人失误。

在上述概率计算中，以估计的人失误概率代入，则可以较精确地选择人失误。

5.6.2.3　详细分析人失误

针对选择的重要人失误进行详细的分析研究，收集关于人失误发生概率的所有信息。这不仅是定量分析人失误的前提，也是探究影响人失误发生的因素和人机匹配方面弱点的工作，可以为改进系统、减少人失误提出依据。

详细地分析人失误需要弄清下述问题：

（1）行为特征。包括操作行为的复杂性、时间的充裕性、必需的时间、行为的完整性等。

（2）人机学特征。包括设备的人机学设计质量、书面程序的质量（形式和内容）、显示

（仪表、警报等）的清晰度、控制器的布置（标记、控制器排列等）。

（3）环境特征。包括温度、噪声、照明、通道、危险区域、防护用品要求等。

（4）组织特征。包括任务分配、管理规则（材料的发送、程序、工具、检查等）。

（5）纠正失误的方法。包括发现失误的方法（警报、检验）、时间限制和改正措施等。

（6）失误的后果。

上述这些内容属于"绩效形成因子（performance-shaping factors）"。为了进行详细的人失误分析，应该掌握工艺过程，研究有关资料和程序，访问工艺设计者和程序制定者，访问操作者和维修者，了解类似系统的有关情况等。

5.6.3　人失误定量模型

这里介绍几种人失误定量模型，供预测人失误概率参考。

5.6.3.1　井口教授模型

井口教授把人员操作机械的可靠度看做是接受信息可靠度、判断可靠度和执行可靠度的乘积：

$$R_0 = R_1 R_2 R_3 \qquad\qquad (5\text{-}4)$$

式中　R_1——接受信息可靠度；

　　　R_2——判断可靠度；

　　　R_3——执行操作可靠度。

这样得到的可靠度 R_0 为基本可靠度，考虑具体操作条件必须乘以一系列的修正系数，得到实际的操作可靠度：

$$R = 1 - k_1 k_2 k_3 k_4 k_5 (1 - R_0) \qquad\qquad (5\text{-}5)$$

由此，得出人失误概率为：

$$E = k_1 k_2 k_3 k_4 k_5 (1 - R_0) \qquad\qquad (5\text{-}6)$$

式中　E——人失误发生概率；

　　　k_1——作业时间系数；

　　　k_2——操作频率系数；

　　　k_3——危险程度系数；

　　　k_4——生理、心理状态系数；

　　　k_5——环境条件系数。

表 5-14 列出了基本可靠度数值；表 5-15 列出了各种修正系数的数值范围。

表 5-14　人员操作基本可靠度

类　别	内　容	R_1	R_2	R_3
简　单	变量不超过几个 人机学考虑全面	0.9995～0.9999	0.9990	0.9995～0.9999
一　般	变量不超过 10 个	0.9990～0.9995	0.9995	0.9990～0.9995
复　杂	变量超过 10 个 人机学考虑不全面	0.9900～0.9990	0.9900	0.9900～0.9990

表 5-15　人员操作可靠度修正系数

符　号	项　目	内　容	系数的值
k_1	作业时间	有充足的多余时间	1.0
		没有充足的多余时间	1.0~3.0
		完全没有多余时间	3.0~10.0
k_2	操作频率	频率适当	1.0
		连续操作	1.0~3.0
		很少操作	3.0~10.0
k_3	危险程度	即使误操作也安全	1.0
		误操作危险性大	1.0~3.0
		误操作有重大事故危险	3.0~10.0
k_4	心理、生理状态	教育训练、健康、疲劳、动机等： 综合状态良好	1.0
		综合状态不好	1.0~3.0
		综合状态很差	3.0~10.0
k_5	环境条件	综合条件良好	1.0
		综合条件不好	1.0~3.0
		综合条件很差	3.0~10.0

5.6.3.2　人认知可靠性模型

在生产过程中出现异常时，操作者必须立即做出判断，选择应该采取的措施，并执行选择的措施。诊断性操作中人失误概率是可供选择、执行恰当措施的时间的函数。

美国电力研究院（EPRI）开发了人认知可靠性模型 HCR（human cognitive reliability），用于预测操作者对异常状态反应失误的概率。该模型主要考虑了在出现异常的紧急情况下，时间充裕度对人失误概率的影响。为了使模型适用更一般的情况，以可供选择、执行恰当行为的时间 t 与选择、执行恰当行为必要时间的平均值 $T_{0.5}$ 之比的无因次量 $t/T_{0.5}$ 作变量，得到三参数威布尔分布形式的人失误概率计算公式：

$$E = e^{-\left[\frac{(t/T_{0.5})-B}{A}\right]^C} \tag{5-7}$$

式中　t——可供选择、执行恰当行为的时间；

$T_{0.5}$——选择、执行恰当行为必要时间的平均值；

A，B，C——与人员行为层次有关的系数，见表 5-16。

表 5-16　系数 A，B，C

行　为　层　次	A	B	C
反　射	0.407	0.7	1.2
规　则	0.601	0.6	0.9
知　识	0.791	0.5	0.8

图 5-8 绘出了该威布尔分布的曲线。

可供选择、执行恰当行为的时间 t 可以通过模拟试验和分析得到；选择、执行恰当行为必要时间的平均值 $T_{0.5}$ 可以按下式计算：

$$T_{0.5} = \overline{T}_{0.5}(1 + k_1)(1 + k_2)(1 + k_3)$$

$$(5-8)$$

式中　$\overline{T}_{0.5}$——标准状态下选择、执行恰当行为必要时间的平均值；

　　　k_1——操作者能力系数；

　　　k_2——操作者紧张度系数；

　　　k_3——人机匹配情况系数。

系数 k_1、k_2、k_3 可以查表 5-17 获得。

HCR 模型适用于核电站诊断性操作小组的人失误概率预测。

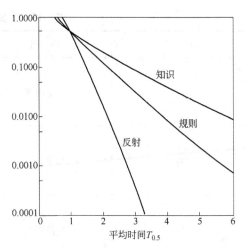

图 5-8　HCR 人失误率曲线

表 5-17　系数 k_1，k_2，k_3 取值

系　数	状　况	系数值	标　准
能　力	熟练者	-0.22	5 年以上操作经验
	一　般	0.00	半年以上操作经验
	新　手	0.44	操作经验不足半年
紧张度	紧　迫	0.44	高度紧张，人员受到威胁
	较紧张	0.28	很紧张，可能发生事故
	最　优	0.00	最优紧张度，负荷适当
	松　懈	0.28	无预兆，警觉度低
人机匹配	优　秀	-0.22	在紧急情况下有应急支持
	良　好	0.00	有综合信息的显示
	一　般	0.44	有显示，但无综合信息
	较　差	0.78	有显示，但不符合人机学
	极　差	0.92	操作者直接看不到显示

5.6.3.3　估计人失误概率

在粗略地估计人失误概率时，可以采用下面的推荐数据。

（1）人失误概率一般在 $10^{-5} \sim 1$ 之间；进行中等难度的操作时约为 10^{-3}。

（2）人失误概率与操作行为的复杂程度有关。汉纳曼建议各种层次行为的人失误概率为：

1）反射层次行为 $5 \times 10^{-5} \sim 5 \times 10^{-3}$；

2）规则层次行为 $5 \times 10^{-4} \sim 5 \times 10^{-2}$；

3）知识层次行为 $5 \times 10^{-3} \sim 5 \times 10^{-1}$。

（3）人失误概率与时间充裕度密切相关。对于警觉的简单反应性操作，阿波利特（Ablitt）建议的可利用时间 t 与人失误概率 E 间的关系如下：

t/min	1	5	10	>10
E	10^{-1}	10^{-2}	10^{-4}	$10^{-5} \sim 10^{-6}$

进行复杂的诊断性操作时人失误概率增加，斯文建议按下列数值估计人失误概率：

$t/\min$	1	5	10	20
E	1	2×10^{-1}	10^{-1}	10^{-2}

（4）人员紧张使人失误概率增加，罗南（W. W. Ronan）发现在紧张的情况下人失误概率高达0.15。

5.6.4 人失误率预测技术

人失误率预测技术（technique for human error rate prediction，THERP），由斯文等人于1962年研究开发，曾在 WASH-1400 研究中应用，特别适合于预测运转、检测和维修操作的人失误率。

生产装置的运转、检测和维修作业一般是一些程序化的复杂操作，人失误定量分析非常困难。在这里把复杂任务分解成若干连续进行的单元操作，如从仪表上读数、按按钮、开阀门等，分别计算各单元操作中人失误发生概率。然后根据单元操作中的人失误概率计算整个操作的人失误概率。

5.6.4.1 单元操作人失误概率

单元操作中人失误概率可按下式计算：

$$B = kP_1P_2 \tag{5-9}$$

式中　P_1——基本失误概率，取决于单元操作特征和人机匹配情况；

　　　P_2——失误发生后没有纠正的概率；

　　　k——考虑操作者紧张的系数。

基本失误概率可以由有关手册或数据库查出。使用这些数据时应注意下列的限制：

（1）装置、设备在正常状态下运行，不考虑应急或其他造成操作者紧张的情况。

（2）操作者不必使用个体防护用品。如果操作中必须佩带个体防护用品，则由于操作条件不好而操作者急于尽早完成任务，增加人失误概率。

（3）管理工作处于一般水平。

（4）操作者有资格进行操作。

（5）操作条件处于良好到最佳状态。

如果实际情况超出了这些限制，则对查得的数据要进行修正。

表 5-18 ~ 表 5-20 列出了手册中的一些单元操作的基本失误概率，表中 HEP 为人失误概率的英文缩写。当操作条件好时取表中数值的上限；当操作条件不好时取表中数值的下限。

表 5-18　读数失误概率（读错）

读数任务	HEP
模拟式仪表	0.003（0.001 ~ 0.01）
数字式仪表	0.001（0.0005 ~ 0.005）
图表记录	0.006（0.002 ~ 0.02）
有许多参数的印刷记录	0.05（0.01 ~ 0.2）
图　表	0.01（0.005 ~ 0.05）
用作定量显示的指示灯	0.001（0.0005 ~ 0.005）
仪表失灵且无指示警告用户	0.1（0.02 ~ 0.2）

表5-19   操作手动控制器的操作错误概率

任 务	HEP
由仅靠标记区别的一组控制器中选错控制器	0.003（0.001~0.01）
由性能相同的一组控制器中选错控制器	0.001（0.0005~0.005）
由画有清晰线条的控制盘上选错控制器	0.0005（0.0001~0.001）
往错误方向操作控制器（不违背习惯动作）	0.0005（0.0001~0.001）
往错误方向操作控制器（违背习惯动作）	0.05（0.01~0.1）
高度紧张的情况下往错误方向操作控制器（严重违背习惯动作）	0.5（0.1~0.9）
拨错多向开关	0.001（0.0001~0.1）
按错接头	0.01（0.005~0.05）

表5-20   从多个信号器中正确选择一个的人失误概率

信号器数目	HEP	信号器数目	HEP
1	0.0001（0.00005~0.001）	8	0.02（0.002~0.2）
2	0.0006（0.00006~0.006）	9	0.03（0.003~0.3）
3	0.001（0.0001~0.01）	10	0.05（0.005~0.5）
4	0.002（0.0002~0.02）	11~15	0.10（0.01~0.999）
5	0.003（0.0003~0.03）	16~20	0.15（0.015~0.999）
6	0.005（0.0005~0.05）	21~40	0.20（0.02~0.999）
7	0.009（0.0009~0.09）	>40	0.25（0.0025~0.999）

5.6.4.2   人可靠性分析事件树

THERP利用人可靠性分析事件树（human reliability analysis event tree）把各单元操作连接起来，利用事件树分析技术得到所求的人失误概率。

在人可靠性分析事件树中，从第一个单元操作开始，每个单元操作有成功或失误两种可能，分别用相应的分支来表示，逐次得到整个操作任务事件树（见图5-9）。如果涉及硬件故障，也可以用相应的分支来表示。

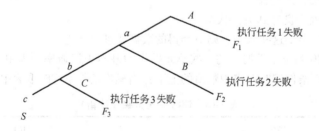

图5-9   人的可靠性分析事件树

在利用事件树计算人失误发生概率时要考虑相邻两失误间的从属关系。这里把从属关系划分为完全从属（CD）、高从属（HD）、中从属（MD）、低从属（LD）和零从属（ZD）。

设在执行单元操作A后执行单元操作B，$BHEP$是进行单元操作B时独立发生失误的概率（非条件概率），则在执行操作A时发生失误后执行操作B发生失误的条件概率B应按下列公式计算：

（1）完全从属（CD）：

$$B = 1.0 \tag{5-10}$$

（2）高从属（HD）：

$$B = \frac{1 + BHEP}{2} \tag{5-11}$$

（3）中从属（MD）：

$$B = \frac{1 + 6BHEP}{7} \tag{5-12}$$

（4）低从属（LD）：

$$B = \frac{1 + 19BHEP}{20} \tag{5-13}$$

（5）零从属（ZD）：

$$B = BHEP \tag{5-14}$$

当 $BHEP$ 值很小时，高从属、中从属和低从属情况下失误的条件概率分别收敛于 0.5、0.15 和 0.05（见图 5-10）。

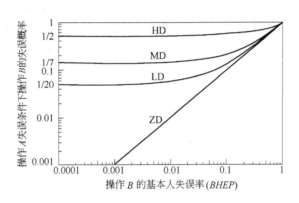

图 5-10　从属性与条件概率

例如，由泵和阀门组成的水冷却系统，检修泵之后人员可能忘记开启阀门。假设检修泵后忘开阀门的人失误概率为 0.01，控制室人员没有发现阀门关闭的失误概率为 0.1，计算检修泵后阀门没有开启的概率。

设控制室人员失误与检修人员失误之间为低从属，则检修人员失误后控制室人员失误的条件概率为：

$$B = \frac{1 + 19BHEP}{20} = \frac{1 + 19 \times 0.1}{20} = 0.15$$

于是，在泵检修后阀门没有开启的概率为：

$$0.01 \times 0.15 = 0.0015$$

如果构成操作任务的单元操作数目很多，则最终建立的事件树很庞大，计算起来很烦琐，需要把事件树化简。化简事件树的基本方法如下：

（1）略去完全从属事件。所谓完全从属事件是指一个事件的发生完全决定了其后的一系列事件发生的一些事件。例如，关闭第一阀门错误导致操作其他阀门失误，则后面的失误就完全从属于第一个失误。

（2）略去小概率事件。如果事件树的一个分支代表的事件发生概率小到可以忽略，则可以把这个分支删除。

（3）成功或失败节点不再发展。如果事件树中的一条途径已经达到了操作任务成功或失败节点，则后面的分析已经没有必要了。

（4）忽略纠正因素。操作者在进行单元操作后发现失误了，他会纠正失误。这种纠正因素在事件树中形成闭合环，增加事件树分析复杂性。可以认为纠正因素影响很小，忽略它们，待整个操作任务的成功或失败概率确定后再考虑它们。

5.6.4.3　人失误概率预测实例

某工人的任务是用 3 台检测仪器监测蒸汽装置的压力是否正常。当工人监视 3 台检测仪器都发生失误时则将发生漏报型监测失误。

该项操作可分解成 4 项单元操作：

（1）安装检测仪器；

（2）监视检测仪器 1；

（3）监视检测仪器 2；

（4）监视检测仪器 3。

建立人可靠性分析事件树如图 5-11 所示，树的左右两个分支分别代表操作的成功与失误，或硬件故障程度的轻与重；字母 S 和 F 分别代表整个操作任务的成功与失败。该例中，至少有 1 台检测仪器显示的异常被工人发现了，则监测操作成功；3 台检测仪器显示的异常都没有被发现时，则监测失误。

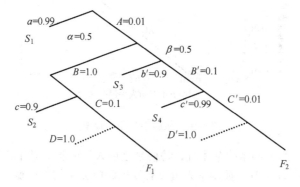

图 5-11　监视操作人可靠性分析事件树

图 5-11 中大写字母和等号后面的数字代表单元操作失误和相应的失误概率；小写字母和等号后的数字代表单元操作成功和相应的成功概率；希腊字母和等号后面的数字代表硬件故障发生的概率。

假设安装检测仪器失误的概率是 0.01，安装失误的结果导致检测仪器不能正常工作，即硬件故障。硬件故障按其严重程度分为小毛病和大问题两种，其发生概率各占 0.5。工人监视每台检测仪器失误的概率是 0.01；监视 3 台检测仪器都失误的概率是 $(0.01)^3 = 10^{-6}$，可以忽略。

假设工人安装检测仪器 1 不能发现小毛病，则概率 $B = 1.0$。当工人监视检测仪器 2 时可能发现安装方面的小毛病，发现安装小毛病的概率 $c = 0.9$。如果在监视前两台检测仪器时没有发现安装方面的小毛病，则认为也不会发现检测仪器 3 在安装方面的小毛病，这种失误概率为 $D = 1.0$。节点 F_1 表示相继监视 3 台检测仪器失误。

如果安装检测仪器发生了大问题，则工人在监视检测仪器 1 时就会发现，发现安装方面大问题的概率 $b' = 0.9$。由于他很可能发现安装错误并加以纠正，所以可能至少正确地监视 1 台检测仪器，节点 S_3 表示这一成功事件。即使他在监视检测仪器 1 时没有发现安装方面的大问题，那么在监视检测仪器 2 时也会发现。设节点 S_4 代表这一成功事件，成功的概率 $c' = 0.99$。如果在监视前两台检测仪器时没有发现安装方面的大问题，可以认为在监视第 3 台时也不会发现，失误概率为 $D = 1.0$。节点 F_2 代表相继监视 3 台检测仪器都失误的事件。

两失误节点 F_1 和 F_2 处的事件发生概率为：

$$P[F_1] = 0.01 \times 0.5 \times 1.0 \times 0.1 \times 1.0 = 0.0005$$

$$P[F_2] = 0.01 \times 0.5 \times 0.1 \times 0.01 \times 1.0 = 0.000005$$

发生监测操作失误的概率为：

$$E = P[F_1] + P[F_2] = 0.000505$$

练 习 题

5-1 对房间电气照明系统进行故障类型和影响分析。

5-2 一仓库设有火灾检测系统和喷淋系统组成的自动灭火系统。设火灾检测系统可靠度和喷淋系统可靠度皆为 0.99，应用事件树分析计算一旦失火时自动灭火失败的概率。

5-3 一斜井提升系统，为防止跑车事故在矿车下端安装了阻车叉，在斜井里安装了人工启动的捞车器。当提升钢丝绳或连接装置断裂时，阻车叉插入轨道枕木下阻止矿车下滑。当阻车叉失效时，人员启动捞车器，拦住矿车。设钢丝绳断裂概率为 10^{-4}，连接装置断裂概率为 10^{-6}，阻车叉失效概率为 10^{-3}，捞车器失效概率为 10^{-3}，人员操作捞车器失误概率为 10^{-2}。画出钢丝绳断裂引起跑车事故的事件树，计算跑车事故发生概率。

5-4 一新上岗的操作者，其工作任务是在信号灯闪亮时选择并打开控制阀。假设该操作者在最优紧张度下操作失误的概率为 0.005，计算熟练的操作者在不同紧张度下发生操作失误的概率。

5-5 一化工生产过程设有自动紧急停车系统。在生产过程出现异常的场合，如果自动紧急停车系统故障，控制室里的人员必须在 79s 内实施人工紧急停车。在正常情况下，人员发现过程异常信号和自动紧急停车系统故障信号的平均时间为 10s；判断出自动紧急停车系统故障的平均时间为 15s；人工紧急停车系统人机匹配良好，人员可以迅速、正确地操作，平均执行时间为 0s。计算人员实施紧急停车失误的概率。

6 故障树分析

6.1 故 障 树

故障树分析是从特定的故障事件（或事故）开始，利用故障树考察可能引起该事件发生的各种原因事件及其相互关系的系统安全分析方法。

故障树是一种利用布尔逻辑（又称布尔代数）符号演绎地表示特定故障事件（或事故）发生原因及其逻辑关系的逻辑树图。因其形状像一棵倒置的树，并且其中的事件一般地都是故障事件，故而得名。

6.1.1 故障树中的符号

故障树中有事件符号和逻辑门符号两类符号。

6.1.1.1 故障树中的事件及其符号

在故障树中，事件间的关系是因果关系或逻辑关系，用逻辑门来表示。以逻辑门为中心，上一层事件是下一层事件产生的结果，称为输出事件；下一层事件是上一层事件的原因，称为输入事件。

作为被分析对象的特定故障事件（或事故）被画在故障树的顶端，称为顶事件。导致顶事件发生的最初始的原因事件位于故障树下部的各分支的终端，称为基本事件。处于顶事件与基本事件中间的事件称为中间事件，它们是造成顶事件的原因，又是基本事件产生的结果。

故障树的各种事件的具体内容写在事件符号之内。常用的事件符号有以下几种（见图6-1）：

（1）矩形符号（见图6-1a）。表示需要进一步被分析的故障事件，如顶事件和中间事件。

（2）圆形符号（见图6-1b）。表示属于基本事件的故障事件。

（3）菱形符号（见图6-1c）。一种省略符号，表示目前不能分析或不必要分析的事件。

（4）房形符号（见图6-1d）。表示属于基本事件的正常事件，一些对输出事件的出现必不可少的事件。

（5）转移符号（见图6-1e）。表示与同一故障树中的其他部分内容相同。

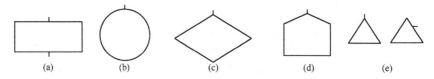

图6-1 故障树的事件符号

(a) 矩形符号；(b) 圆形符号；(c) 菱形符号；(d) 房形符号；(e) 转移符号

6.1.1.2 逻辑门及其符号

系统安全分析中常见的故障树事件间的逻辑关系主要是逻辑与和逻辑或的关系。相应地，故障树中的逻辑门主要是逻辑与门和逻辑或门。

逻辑与门表示全部输入事件都出现时输出事件才出现，只要有一个输入事件不出现则输出事件就不出现的逻辑关系；逻辑或门表示只要有一个或一个以上输入事件出现则输出事件就出现，只有全部输入事件都不出现则输出事件才不出现的逻辑关系。逻辑与门和逻辑或门的符号有许多种画法，图6-2中列出了常用的画法。

除了逻辑与门和逻辑或门之外，故障树中还有另外一些特殊的逻辑门：

（1）控制门。这是一种逻辑上的修正：当满足输入事件的发生条件时输出事件才出现，如果不满足输入事件发生条件，则不产生输出。控制门符号如图6-2（c）所示。

（2）条件门。把逻辑与门或逻辑或门与条件事件结合起来，构成附有各种条件的逻辑门。图6-2（d）、（e）为条件与门和条件或门符号。

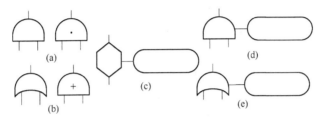

图 6-2 故障树的逻辑门符号

（a）逻辑与门；（b）逻辑或门；（c）控制门；（d）条件与门；（e）条件或门

在故障树分析中，控制门和条件门在性质上相当于逻辑与门，而要求满足的条件相当于输入到逻辑与门的一个基本事件。

6.1.2 故障树的数学表达

为了进行故障树定性和定量分析，需要建立故障树的数学模型，写出它的数学表达式。布尔代数是故障树分析的数学基础。

布尔代数是集合论的一部分，是一种逻辑运算方法，它特别适合于描述仅能取两种对立状态之一的事物。故障树中的事件只能取故障发生或不发生两种状态之一，不存在任何中间状态，并且故障树的事件之间的关系是逻辑关系，所以可以用布尔代数来表现故障树。

在布尔代数中，与集合的"并"相对应的是逻辑和运算，记为"∪"或"+"；与集合的"交"相对应的是逻辑积运算，记为"∩"或"·"。本书中把逻辑和记为"+"，把逻辑积记为"·"。表6-1为布尔代数的主要运算法则。

故障树中的逻辑或门对应于布尔代数的逻辑和运算；逻辑与门对应于逻辑积运算。

表 6-1 布尔代数的主要运算法则

$A \cdot A = A$ $A + A = A$	幂等法则
$A \cdot B = B \cdot A$ $A + B = B + A$	交换法则
$A \cdot (B \cdot C) = (A \cdot B) \cdot C$ $A + (B + C) = (A + B) + C$	结合法则
$A \cdot (B + C) = (A \cdot B) + (A \cdot C)$ $A + (B \cdot C) = (A + B) \cdot (A + C)$	分配法则
$A \cdot (A + B) = A$ $A + (A \cdot B) = A$	吸收法则
$\overline{A \cdot B} = \overline{A} + \overline{B}$ $\overline{A + B} = \overline{A} \cdot \overline{B}$	对偶法则（德·摩根法则）
$\overline{(\overline{A})} = A$	对合法则
$A + B = A + \overline{A} \cdot B$ $\overline{A} + B = \overline{A} + A \cdot B$	重叠法则

注：表中 $\overline{A}$ 为 A 的补。

6.1.2.1　故障树的布尔表达式

把故障树中连接各事件的逻辑门用相应的布尔代数逻辑运算表现，就得到了故障树的布尔表达式。一般地，可以自上而下地把故障树逐步展开，得到其布尔表达式。

例如，对于图6-3所示的故障树，可以按下面步骤写出其布尔表达式：

$$T = G_1 + G_2$$
$$= x_4 \cdot G_3 + x_1 \cdot G_4$$
$$= x_4 \cdot (x_3 + G_5) + x_1 \cdot (x_3 + x_5)$$
$$= x_4 \cdot (x_3 + x_2 \cdot x_5) + x_1 \cdot (x_3 + x_5)$$

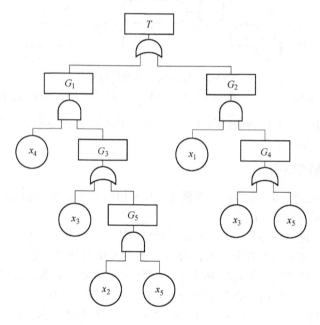

图6-3　故障树

故障树的布尔表达式是故障树的数学描述。对于给定的故障树可以写出相应的布尔表达式；给出了布尔表达式可以画出相应的故障树。

当故障树中的基本事件相互统计独立时，布尔表达式中的事件逻辑积的概率为：

$$g(x_1 \cdot x_2 \cdot \cdots \cdot x_n) = q_1 \cdot q_2 \cdot \cdots \cdot q_n = \prod_{i=1}^{n} q_i \tag{6-1}$$

事件逻辑和的概率为：

$$g(x_1 + x_2 + \cdots + x_n) = 1 - (1 - q_1)(1 - q_2)\cdots(1 - q_n) = 1 - \prod_{i=1}^{n}(1 - q_i) \tag{6-2}$$

式中，q_i 为第 i 个基本事件的发生概率。

利用上述公式，可以由故障树的布尔表达式得到根据基本事件发生概率计算顶事件发生概率的公式。因为顶事件发生概率是基本事件发生概率的函数，所以又把这样得到的顶事件发生概率计算公式称为概率函数。

例如，由图6-3所示故障树的布尔表达式，可以得到其概率函数为：

$$g(q) = 1 - \{1 - q_4[1 - (1 - q_3)(1 - q_2 q_5)]\}\{1 - q_1[1 - (1 - q_3)(1 - q_5)]\}$$

如果知道各基本事件发生概率，则可以按该式计算出顶事件发生概率。这里假设 $q_1 = 0.01$，$q_2 = 0.02$，$q_3 = 0.03$，$q_4 = 0.04$，$q_5 = 0.05$，代入上式得 $g(q) = 2.02 \times 10^{-3}$。

6.1.2.2 故障树化简

在同一故障树中，如果相同的基本事件在不同的位置上出现时，需要考虑故障树中是否有多余的事件必须除掉，否则将造成分析结果的错误。

例如，图 6-4(a) 所示的故障树中基本事件 x_1 在两处出现。该故障树的布尔表达式为：

$$T = x_1 \cdot x_2 \cdot (x_1 + x_3)$$

其概率函数为：

$$g(q) = q_1 q_2 [1 - (1 - q_1)(1 - q_3)]$$

假设三个基本事件发生概率皆为 0.1，即 $q_1 = q_2 = q_3 = 0.1$，则：

$$g(q) = 0.1 \times 0.1 \times [1 - (1 - 0.1) \times (1 - 0.1)] = 0.0019$$

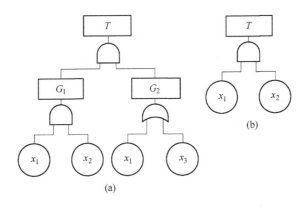

图 6-4 故障树化简

实际上，如果用布尔代数的幂等法则和吸收法则将布尔表达式整理，则有：

$$\begin{aligned}
T &= x_1 \cdot x_2 \cdot (x_1 + x_3) & \\
&= x_1 \cdot x_2 \cdot x_1 + x_1 \cdot x_2 \cdot x_3 & \text{（分配法则）} \\
&= x_1 \cdot x_2 + x_1 \cdot x_2 \cdot x_3 & \text{（幂等法则）} \\
&= x_1 \cdot x_2 & \text{（吸收法则）}
\end{aligned}$$

通过化简去除了多余的基本事件 x_3（见图 6-4b）。这时顶事件发生概率为：

$$g(q) = q_1 q_2 = 0.1 \times 0.1 = 0.01$$

6.2　故障树定性分析

故障树定性分析包括 3 方面的工作，即：编制故障树，找出导致顶事件发生的全部基本事件；求出基本事件的最小割集和最小径集合；确定各基本事件发生对顶事件发生的重要度，为采取防止顶事件发生措施提供依据。

6.2.1 最小割集合与最小径集合

6.2.1.1 最小割集合

故障树的全部基本事件都发生，则顶事件必然发生。但是，大多数情况下并不一定要全部基本事件都发生顶事件才发生，而是只要某些基本事件组合在一起发生就可以导致顶事件发生。

在故障树分析中，把能使顶事件发生的基本事件集合称为割集合。如果割集合中任一基本事件不发生就会造成顶事件不发生，即割集合中包含的基本事件对引起顶事件发生不但充分而且必要，则该割集合称为最小割集合。简言之，最小割集合是能够引起顶事件发生的最小的割集合，对于事故原因分析故障树，最小割集合表明哪些基本事件组合在一起发生可以使顶事件发生，为人们指明事故发生模式。

6.2.1.2 最小割集合求法

最小割集合有以下几种求法：

（1）通过观察可以直接找出简单故障树的最小割集合。例如，对于图6-5所示的故障树，考察能引起顶事件发生的基本事件组合，可以得到6个割集合：

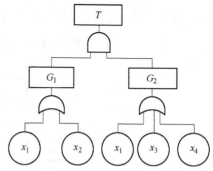

图6-5 故障树

$$(x_1, x_1) \qquad (x_1, x_3) \qquad (x_1, x_4)$$
$$(x_1, x_2) \qquad (x_2, x_3) \qquad (x_2, x_4)$$

上述割集合中有的不是最小割集合。应用布尔代数的幂等法则、吸收法则整理后，得到该故障树的最小割集合为：

$$(x_1) \qquad (x_2, x_3) \qquad (x_2, x_4)$$

（2）利用故障树的布尔表达式可以方便地找出简单故障树的最小割集合。根据布尔代数运算法则，把布尔表达式变换成基本事件逻辑积的逻辑和的形式，则逻辑积项包含的基本事件构成割集合；进一步应用幂等法则和吸收法则整理，得到最小割集合。例如，对于图6-5所示的故障树，其布尔表达式展开后化简为：

$$T = (x_1 + x_2) \cdot (x_1 + x_4 + x_3)$$
$$= x_1 \cdot x_1 + x_1 \cdot x_4 + x_1 \cdot x_3 + x_1 \cdot x_2 + x_2 \cdot x_4 + x_2 \cdot x_3$$
$$= x_1 + x_2 \cdot x_4 + x_2 \cdot x_3$$

最终得到最小割集合为：

$$(x_1) \qquad (x_2, x_3) \qquad (x_2, x_4)$$

（3）对于比较复杂的故障树，其布尔表达式很复杂，最小割集合数目也很多，往往利用计算机求解。在计算机求解法中行列法比较著名，这是福赛尔在计算机程序 MOCUS 中使用的方法。该方法的基本思想是，逻辑与门使割集合内包含的基本事件增加，逻辑或门使割集合的数目增加。

例如，对于图6-5所示的故障树，应用行列法求解最小割集合过程如下：

$$T \to G_1, G_2 \to \begin{matrix} x_1, G_2 \\ x_2, G_2 \end{matrix} \to \begin{matrix} x_1, x_1 \\ x_1, x_3 \\ x_1, x_4 \\ x_2, x_1 \\ x_2, x_3 \\ x_2, x_4 \end{matrix} \to \begin{matrix} x_1 \\ x_2, x_3 \\ x_2, x_4 \end{matrix}$$

最终得到的最小割集合为 (x_1)，$(x_2，x_3)$，$(x_2，x_4)$，与前面的结果一致。

6.2.1.3 最小径集合

故障树中的全部基本事件都不发生，则顶事件一定不发生。但是，某些基本事件组合在一起都不发生，也可以使顶事件不发生。

在故障树分析中，把其中的基本事件都不发生就能保证顶事件不发生的基本事件集合称为径集合。若径集合中包含的基本事件不发生对保证顶事件不发生不但充分而且必要，则该径集合称为最小径集合。最小径集合表明哪些基本事件组合在一起不发生就可以使顶事件不发生。对于事故原因分析故障树，它指明应该如何采取措施防止事故发生。

6.2.1.4 最小径集合求法

根据布尔代数的对偶法则

$$\left. \begin{array}{l} \overline{A \cdot B} = \overline{A} + \overline{B} \\ \overline{A + B} = \overline{A} \cdot \overline{B} \end{array} \right\} \tag{6-3}$$

把故障树中故障事件用其对立的非故障事件代替，把逻辑与门用逻辑或门代替，把逻辑或门用逻辑与门代替，便得到了与原来的故障树对偶的成功树。求出成功树的最小割集合，再用故障事件取代非故障事件，就得到了原故障树的最小径集合。

例如，图 6-5 所示故障树其对偶的成功树如图 6-6 所示。该成功树的最小割集合为：

$$(\overline{x}_1 , \overline{x}_2) \qquad (\overline{x}_1 , \overline{x}_3 , \overline{x}_4)$$

于是，原故障树的最小径集合为：

$$(x_1 , x_2) \qquad (x_1 , x_3 , x_4)$$

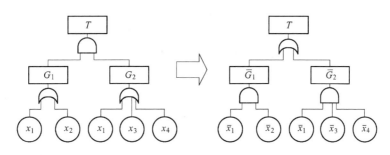

图 6-6 由故障树得到成功树

6.2.2 基本事件结构重要度

导致顶事件发生的基本事件很多，在采取防止顶事件发生措施时应该分清轻重缓急，优先解决那些比较重要的问题，首先消除或控制那些对顶事件影响重大的基本事件。在故障树分析中，用基本事件重要度来衡量某一基本事件对顶事件影响的大小。在故障树分析中常用的基本事件重要度有结构重要度、概率重要度和临界重要度。这里首先介绍基本事件的结构重要度。

基本事件的结构重要度取决于它们在故障树结构中的位置。基本事件在故障树结构中位置的不同，对顶事件的作用也不同。评价基本事件结构重要度的方法有以下两种：

（1）根据基本事件在最小割集合（或最小径集合）中出现的情况评价。基本事件在最小割集合（或最小径集合）中出现的情况直接反映了该基本事件的重要度：

　　1）在由较少基本事件组成的最小割集合（或最小径集合）中出现的基本事件，其结构重要度较大；

　　2）在不同最小割集合（或最小径集合）中出现次数多的基本事件，其结构重要度大。

　　有人提出可以按下式计算第 i 个基本事件的结构重要度：

$$I_\phi(i) = \frac{1}{k} \sum_{j=1}^{m} \frac{1}{R_j} \tag{6-4}$$

式中　k——故障树包含的最小割集合（或最小径集合）数目；

　　　　m——包含第 i 个基本事件的最小割集合（或最小径集合）数目；

　　　　R_j——包含第 i 个基本事件的第 j 个最小割集合（或最小径集合）中基本事件的数目。

　　应该注意，按此公式计算得到的数值没有绝对意义，只有相对意义，即基本事件结构重要度的排序。另外，有时需要分别根据最小割集合和最小径集合计算，再做出判断。

　　例如，图 6-3 所示故障树的最小割集合为 (x_1)，(x_2, x_3)，(x_2, x_4)。按式（6-4）计算各基本事件的结构重要度如下：

$$I_\phi(1) = \frac{1}{3} \times \left(\frac{1}{1}\right) = \frac{1}{3}$$

$$I_\phi(2) = \frac{1}{3} \times \left(\frac{1}{2} + \frac{1}{2}\right) = \frac{1}{3}$$

$$I_\phi(3) = I_\phi(4) = \frac{1}{3} \times \left(\frac{1}{2}\right) = \frac{1}{6}$$

于是，$I_\phi(1) = I_\phi(2) > I_\phi(3) = I_\phi(4)$。显然该结果不符合实际情况。另一方面，该故障树的最小径集合为 (x_1, x_2)，(x_1, x_3, x_4)。按式（6-4）计算各基本事件的结构重要度如下：

$$I_\phi(1) = \frac{1}{2} \times \left(\frac{1}{2} + \frac{1}{3}\right) = \frac{5}{12}$$

$$I_\phi(2) = \frac{1}{2} \times \left(\frac{1}{2}\right) = \frac{1}{4}$$

$$I_\phi(3) = I_\phi(4) = \frac{1}{2} \times \left(\frac{1}{3}\right) = \frac{1}{6}$$

得到 $I_\phi(1) > I_\phi(2) > I_\phi(3) = I_\phi(4)$。

　　（2）计算各基本事件发生概率皆为 0.5 时的概率重要度。这时，基本事件结构重要度顺序与概率重要度顺序一致。

　　在第 6.3.3 节中将介绍基本事件的概率重要度。

6.3　故障树定量分析

　　故障树定量分析的基本任务是计算顶事件发生概率，在此基础上考察基本事件的概率重要度和临界重要度。

6.3.1　顶事件发生概率计算方法

　　顶事件发生概率计算方法有根据故障树的概率函数计算的直接计算法，以及在最小割集合发生概率基础上计算的最小割集合方法。

6.3.1.1 直接计算法

根据故障树的结构函数得到概率函数后，代入各基本事件发生概率值，可以直接算出顶事件发生概率。

当基本事件发生概率很小，$q_i < \,<1$ 时，事件逻辑和的概率可以近似地按下式计算：

$$g(q) = P_r(x_1 + x_2 + \cdots + x_n) \approx q_1 + q_2 + \cdots + q_n = \sum_{i=1}^{n} q_i \qquad (6\text{-}5)$$

事件逻辑积的概率仍为：

$$g(q) = P_r(x_1 \cdot x_2 \cdot \cdots \cdot x_n) \approx q_1 \cdot q_2 \cdot \cdots \cdot q_n = \prod_{i=1}^{n} q_i \qquad (6\text{-}6)$$

利用上述公式由故障树结构函数得到的概率函数比较简单，但是得到的是近似值，计算结果误差的大小取决于基本事件发生概率的大小。当基本事件发生概率很小时，计算结果的误差不会很大。例如，对于图 6-3 的故障树，可以写出概率函数为：

$$g(q) \approx q_4(q_3 + q_2 q_5) + q_1(q_3 + q_5)$$

仍然假设各基本事件发生概率分别为 $q_1 = 0.01$，$q_2 = 0.02$，$q_3 = 0.03$，$q_4 = 0.04$，$q_5 = 0.05$，算得 $g(q) \approx 2.04 \times 10^{-3}$，与前面算得的 $g(q) = 2.02 \times 10^{-3}$ 很接近。

6.3.1.2 最小割集合方法

求出故障树的最小割集合之后，可以用最小割集合来表达故障树的结构函数。最小割集合是其中包含的基本事件的逻辑积，故障树的结构函数是所包含的最小割集合的逻辑和。设由 n 个基本事件组成的故障树 T，包含有 K_1，K_2，$\cdots$，K_k 共 k 个最小割集合，则故障树的结构函数可以表达为：

$$T = K_1 + K_2 + \cdots + K_k \qquad (6\text{-}7)$$

其中，$K_i = X_1 \cdot X_2 \cdot \cdots \cdot X_m$，$m$ 为第 j 个最小割集合 K_j 中包含的基本事件数。

故障树的概率函数可以表达为：

$$g(q) = P_r(K_1 + K_2 + \cdots + K_k) \qquad (6\text{-}8)$$

当不同的最小割集合中不包含相同的基本事件，即各最小割集合"不交"时，故障树顶事件发生概率为：

$$g(q) = 1 - \prod_{j=1}^{k} \left(1 - \prod_{i \in K_j} q_i\right) \qquad (6\text{-}9)$$

一般情况下，按容斥公式计算故障树顶事件发生概率：

$$g(q) = \sum_{r=1}^{k} \prod_{i \in K_r} q_i - \sum_{1 \leqslant h < j \leqslant k} \prod_{i \in K_h \cup K_j} q_i + \cdots + (-1)^{k-1} \prod_{i=1}^{n} q_i \qquad (6\text{-}10)$$

式中 r，h，j——最小割集合的序号；

       k——故障树中包含的最小割集合数目。

故障树中逻辑或门较多时，最小割集合数目较多而最小径集合数目较少，利用最小径集合计算顶事件发生概率比较方便。

设由 n 个基本事件组成的故障树 T，包含有 P_1，P_2，$\cdots$，P_p 共 p 个最小径集合，则故障树的结构函数可以表达为：

$$T = P_1 \cdot P_2 \cdot \cdots \cdot P_p \qquad (6\text{-}11)$$

其中，$P_i = X_1 + X_2 + \cdots + X_m$，$m$ 为第 j 个最小径集合 P_j 中包含的基本事件数。

故障树的概率函数可以表达为：

$$g(q) = P_r[P_1 \cdot P_2 \cdot \cdots \cdot P_p] \tag{6-12}$$

当不同的最小径集合中不包含相同的基本事件，即各最小径集合"不交"时，故障树顶事件发生概率为：

$$g(q) = \prod_{j=1}^{p} \left[1 - \prod_{i \in P_j} (1 - q_i) \right] \tag{6-13}$$

一般情况下，按容斥公式计算故障树顶事件发生概率：

$$g(q) = 1 - \sum_{r=1}^{p} \prod_{i \in P_r} (1 - q_i) + \sum_{1 \leq h < j \leq p} \prod_{i \in P_h \cup P_j} (1 - q_i) - \cdots + (-1)^p \prod_{i=1}^{n} (1 - q_i) \tag{6-14}$$

式中　　r，h，j——最小径集合的序号；

　　　　p——故障树中包含的最小径集合数目。

当基本事件发生概率很小时，可以仅计算式（6-14）中的前几项而得到近似值，其误差不会超过被略去项中的第一项。

6.3.1.3　不交化方法

当故障树复杂、基本事件的最小割集合或最小径集合数目较多时，即使利用计算机按容斥公式计算，得到顶事件发生概率精确解也是一件非常耗费时间的工作。因此，实际计算时往往根据阶截断或概率截断的原则，只计算容斥公式的前几项，获得满足工程需要的近似解。

应用不交化方法可以大大减少顶事件发生概率计算的工作量。所谓不交化（exclusion）是利用布尔代数运算法则使相交的即相互统计不独立的最小割集合（例如同一基本事件在不同的最小割集合中出现的情况）变为不交的，即相互统计独立且互斥的最小割集合，然后按各最小割集合发生概率的代数和来计算顶事件发生概率：

$$g(q) = \sum_{j=1}^{k} \prod_{i \in K_j} q_i \tag{6-15}$$

把相交的最小割集合变为不交的最小割集合，其基本原理是利用布尔代数的重叠法则：

$$\begin{aligned} A + B &= A + \overline{A} \cdot B \\ \overline{A} + \overline{B} &= \overline{A} + A \cdot \overline{B} \end{aligned} \tag{6-16}$$

对于复杂的故障树，可以按下述的命题简化不交化过程：

（1）若集合 A 和 B 不包含共同基本事件，则 $\overline{A} \cdot B$ 可以先按对偶法则将集合 $\overline{A}$ 变换后按重叠法则进行不交化，再按分配法则展开。

（2）若集合 A 和 B 包含共同基本事件，则：

$$\overline{A} \cdot B = \overline{A_0} \cdot B$$

式中　　A_0——除去与集合 B 共有的基本事件后，A 集合中剩余的基本事件的集合。

（3）若集合 A 和 C 包含共同基本事件，集合 B 和 C 也包含共同基本事件，则：

$$\overline{A} \cdot \overline{B} \cdot C = \overline{A_0} \cdot \overline{B_0} \cdot C$$

式中　　A_0——除去与集合 C 共有的基本事件后，A 集合中剩余的基本事件的集合；

　　　　B_0——除去与集合 C 共有的基本事件后，B 集合中剩余的基本事件的集合。

（4）若集合 A 和 C 包含共同基本事件，集合 B 和 C 也包含共同基本事件，且 $A \subset B$（A 属于 B），则：

$$\overline{A}_0 \cdot \overline{B}_0 \cdot C = \overline{B} \cdot C$$

例如，把图6-7所示的故障树的结构函数做不交化处理，其过程如下：

$$T = x_1 + x_2 \cdot x_4 + x_2 \cdot x_3$$

$$= x_1 + \overline{x}_1 \cdot x_2 \cdot x_4 + \overline{x}_1 \cdot x_2 \cdot x_3$$

$$= x_1 + \overline{x}_1 \cdot x_2 \cdot x_4 + \overline{x}_1 \cdot x_2 \cdot x_3 \cdot \overline{x}_4$$

假设各基本事件发生概率分别为 $q_1 = 0.01$，$q_2 = 0.02$，$q_3 = 0.03$，$q_4 = 0.04$，根据此式计算顶事件发生概率如下：

$$g(q) = q_1 + (1 - q_1) q_2 q_4 + (1 - q_1) q_2 q_3 (1 - q_4)$$

$$= 0.1 + (1 - 0.1) \times 0.2 \times 0.4 + (1 - 0.1)$$

$$\times 0.2 \times 0.3 \times (1 - 0.4)$$

$$= 0.2044$$

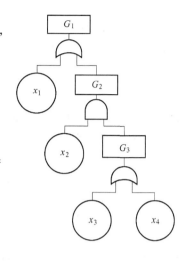

图6-7 故障树

6.3.2 基本事件发生概率

在进行故障树定量分析时需要知道基本事件发生概率。为了取得关于基本事件发生概率的数据资料，需要进行大量的试验和观测。由于取得各种基本事件发生概率的数据非常困难，故障树定量分析的应用受到了限制。

物的故障概率可以由其故障率求得。从一些产品手册、样本中可以查得产品的故障率。在不考虑物的元素的故障后修理和更换的场合，可以通过计算与基本事件对应的物的故障率来获得基本事件发生概率。根据公式：

$$F(t) = 1 - e^{-\lambda t} \tag{6-17}$$

于是，故障率为 λ_i 的基本事件 i 的发生概率 q_i 为：

$$q_i = 1 - e^{-\lambda_i t} \tag{6-18}$$

当物的故障率很小时，可以按级数展开后取前两项作近似计算：

$$e^{-\lambda t} = 1 - \lambda t + \frac{1}{2} (\lambda t)^2 - \frac{1}{3!} (\lambda t)^3 + \cdots$$

$$\approx 1 - \lambda t \tag{6-19}$$

即，可以近似计算故障率为 λ_i 的基本事件 i 的发生概率 q_i 为：

$$q_i \approx \lambda_i t \tag{6-20}$$

由于基本事件发生概率与其对应的物的元素运行时间有关，根据基本事件发生概率计算得到的顶事件发生概率也与系统运行时间有关。有时为简单计而忽略时间因素，计算单位时间内顶事件发生的概率。这种场合，基本事件发生概率也应该取相应的物的元素故障概率的时间平均值：

$$q_i \approx \frac{\lambda_i t}{t} = \lambda_i \tag{6-21}$$

根据求得的单位时间内顶事件发生概率，可以估计顶事件发生次数的期望值。

手册、样本中给出的物的故障率是在试验条件下获得的，实际应用时必须考虑实际使用条件的影响。美国的 MIL-HDBK-217E 建议按下式计算电子元件的实际故障率 λ：

$$\lambda = C_1 C_2 C_3 C_4 \lambda_0 \tag{6-22}$$

式中　λ_0——试验条件下获得的基本故障率；

　　　　C_1——环境系数，例如在最佳的维护条件和正常环境下取 0.2，安装在移动设备上经受振动和冲击时取 4，在火箭发射那样的恶劣条件下取 10；

　　　　C_2——适应性系数，考虑附加应力和特殊运转条件的影响；

　　　　C_3——质量系数，晶体管的质量系数变化在 0.2 ~ 10 之间；

　　　　C_4——其他影响系数。

迄今为止，一些国家先后建立了用于定量危险性评价的数据库，提供各类设备、部件的故障率数据，例如军用设备可靠性数据库、海洋石油平台可靠性数据库、核电站可靠性数据库等。

表 6-2 ~ 表 6-4 列出了核电站和石油化工危险性评价用的部分数据。

人失误发生概率可以根据前面章节介绍的方法取得。

表 6-2　一些机械元件的故障率

元　件		故　障　类　型	故障率（平均）
泵（含电动机）		启动故障	$10^{-3}/d$
		启动后运转故障（正常条件下）	$3 \times 10^{-5}/h$
		启动后运转故障（恶劣条件，事故后）	$10^{-3}/h$
		启动后运转故障（事故后，恢复正常条件）	$3 \times 10^{-4}/h$
阀	电动阀	运行故障（包括驱动部分）	$10^{-3}/d$
		不能保持开启（堵塞）	$10^{-4}/d$
		破裂	$3 \times 10^{-7}/h$
	电磁阀	运行故障（包括驱动部分）	$10^{-3}/d$
		不能保持开启（堵塞）	$10^{-4}/d$
		破裂	$10^{-8}/h$
	气动阀	运行故障（包括驱动部分）	$3 \times 10^{-4}/d$
		不能保持开启（堵塞）	$10^{-4}/d$
		破裂	$3 \times 10^{-7}/h$
泄放阀		不能开启	$10^{-8}/d$
		提前开启	$10^{-5}/d$
管线	直径不大于 7.5cm	破裂或堵塞	$10^{-9}/h$
	直径大于 7.5cm	破裂	$10^{-10}/h$
机械离合器		运行故障	$3 \times 10^{-4}/d$

表 6-3 一些电气元件的故障率（取自 PRA，1975）

元　件	故 障 类 型	故障率（平均）
电气离合器	运行故障 提前脱开	$3 \times 10^{-4}/d$ $10^{-6}/h$
电动机	启动故障 启动后运行故障（正常条件下） 启动后运行故障（恶劣条件下）	$3 \times 10^{-4}/d$ $10^{-5}/h$ $10^{-3}/h$
继电器	给电故障 给电后常开接点不闭合 不给电时常闭接点敞开 接点短路 线圈开路 线圈短路	$10^{-4}/d$ $3 \times 10^{-7}/h$ $10^{-7}/h$ $10^{-8}/h$ $10^{-7}/h$ $10^{-8}/h$
断路器	送电故障 提前送电	$10^{-3}/d$ $10^{-6}/h$
开关　限位开关	运行故障	$3 \times 10^{-4}/d$
开关　转动开关	运行故障	$10^{-4}/d$
开关　压力开关	运行故障	$10^{-4}/d$
开关　手动开关	运行故障	$10^{-5}/d$
开关接点	开关闭合时常开接点不闭合 开关断开时常闭接点不敞开 接点短路	$10^{-7}/h$ $3 \times 10^{-8}/h$ $10^{-8}/h$
电池（湿） 供电系统	不能提供要求的电力	$3 \times 10^{-6}/h$
变压器	一次侧或二次侧开路 一次侧与二次侧短路	$10^{-6}/h$ $101 \times 10^{-6}/h$
一般检测仪器	运行故障 零点漂移	$10^{-6}/h$ $3 \times 10^{-5}/h$
熔断器	熔断故障 提前熔断	$10^{-5}/d$ $10^{-6}/h$
电线（带几个接头）	开路 对地短路 对电源短路	$3 \times 10^{-6}/h$ $3 \times 10^{-7}/h$ $10^{-8}/h$
端子板	开路 与邻近电路短路	$10^{-7}/h$ $10^{-8}/h$

表 6-4　坎维岛安全研究中使用的一些数据

装置或事件	故障类型	故障率或频率
压力容器（液化石油气、氮、氟化氢罐）	压力容器自然故障	$10^{-5} \sim 10^{-4}$/a
压力回路	压力容器自然故障	10^{-4}/a
	操纵失误导致泄放	10^{-4}/a
	被物体穿透	10^{-4}/a
高速旋转机械	旋转体破坏	$10^{-4} \sim 10^{-3}$/a
液化石油气管网	管网自然故障（全装置）	5×10^{-3}/a
液化石油气泵	彻底破坏	10^{-4}/a
液化石油气注入点	大量气体泄漏	5×10^{-3}/a
液化天然气储罐（地上）	严重疲劳破坏	2×10^{-4}/a
	过载超压	$10^{-5} \sim 10^{-4}$/a
	倾倒使结构破坏	$10^{-5} \sim 10^{-4}$/a
火　灾	炼油厂重大火灾	0.1/a
爆　炸	炼油厂火灾后爆炸	0.5
碎　片	炼油厂爆炸时产生碎片	0.1
	炼油厂发生产生碎片的爆炸	5×10^{-3}/a
	碎片击中 300m 处大型储罐	10^{-3}
蒸气云团爆炸	炼油厂发生蒸气云团爆炸	10^{-3}/a
丁烷管线	管线故障	3×10^{-4}/（km·a）
铁道运输	槽车出轨	10^{-6}/km（运行）
	槽车出轨后颠覆	0.2
公路运输	公路槽车事故（包括泼溅）	1.6×10^{-8}/km（运行）
海上运输（伦敦港）	港内移动时严重船船相撞	0.5×10^{-4}/移动
	入港时碰撞	1.5×10^{-4}/港
	搁浅	0.3×10^{-4}/港
	火灾	0.5×10^{-4}/港
直升机	全部事故	3×10^{-7}/km（飞行）
	死亡事故	8×10^{-8}/km（飞行）

6.3.3　基本事件概率重要度和临界重要度

6.3.3.1　概率重要度

基本事件概率重要度反映基本事件发生概率的变化对顶事件发生概率的影响。概率重要度的定义为：

$$I_{\mathrm{g}}(i) = \frac{\partial g(q)}{\partial q_i} \tag{6-23}$$

式中　$g(q)$——故障树的概率函数；

　　　q_i——第 i 个基本事件的发生概率。

知道了故障树概率函数和各基本事件发生概率，就可以按式（6-23）计算各基本事件的概率重要度。

例如，对于图6-3的故障树，假设各基本事件发生概率分别为 $q_1 = 0.01$，$q_2 = 0.02$，$q_3 = 0.03$，$q_4 = 0.04$，$q_5 = 0.05$，则基本事件 x_1 的概率重要度为：

$$I_g(1) = \frac{\partial g(q)}{\partial q_1} = 1 - \{1 - q_4[1 - (1 - q_3)(1 - q_2q_5)]\} \cdot [1 - (1 - q_3)(1 - q_5)]$$

$$= 0.078$$

类似地，可以算出其余各基本事件的概率重要度为 $I_g(2) = 0.02$，$I_g(3) = 0.049$，$I_g(4) = 0.031$，$I_g(5) = 0.01$。于是，各基本事件概率重要度次序为：

$$I_g(1) > I_g(3) > I_g(4) > I_g(5) > I_g(2)$$

如果能够减少概率重要度大的那些基本事件发生概率，则可以有效地控制顶事件发生。

6.3.3.2 临界重要度

一般情况下，减少发生概率大的基本事件的发生概率比较容易。用顶事件发生概率的相对变化率与基本事件发生概率的相对变化率之比来评价的基本事件重要度，称为临界重要度。基本事件临界重要度定义为：

$$I_c(i) = \frac{\partial[\ln g(q)]}{\partial(\ln q_i)} \tag{6-24}$$

该式又可以写成

$$I_c(i) = \frac{\partial[g(q)]}{g(q)} \cdot \frac{q_i}{\partial q_i} = I_g(i) \cdot \frac{q_i}{g(q)} \tag{6-25}$$

假设图6-3所示故障树中各基本事件发生概率同前，则按式（6-25）计算各基本事件临界重要度为 $I_c(1) = 0.39$，$I_c(2) = 0.02$，$I_c(3) = 0.74$，$I_c(4) = 0.62$，$I_c(5) = 0.25$。于是，各基本事件概率重要度次序为：

$$I_c(3) > I_c(4) > I_c(1) > I_c(5) > I_c(2)$$

6.3.4 故障树分析用计算机程序

当故障树比较复杂时，人工进行定性、定量分析是件费时费力的事情。早在20世纪60年代人们就开发了故障树分析用计算机程序，然而受当时计算机技术的限制，应用蒙特卡罗模拟方法求解一个300个逻辑门的故障树需要运算一个多月，其应用受到限制。20世纪60年代末出现的故障树分析用程序 PREP 和 KITT 是最初的实用程序，在第一次核电站危险性评价中得到应用。70年代以后采用各种算法的程序相继问世，迄今各种故障树分析用计算机程序已经不胜枚举。

按其基本功能，把故障树分析用计算机程序划分为定性分析、定量分析两类。

6.3.4.1 定性分析程序

定性分析程序运行时，输入故障树的逻辑门和基本事件，输出最小割集合。有自上而下和自下而上两种求解方式。大多数程序利用布尔代数化简原理，也有行列法那样特殊的方法。

一般地，求解故障树的最小割集合需要占用大量的计算机内存和花费许多计算机时间，给分析复杂的大故障树带来许多困难。实际上，割集合数目可能随着逻辑门数的增加呈幂指数增加，达到数百万、数千万。另外，基本事件数目和逻辑门数目并不能完全代表故障树的复杂程度和最小割集合的多少，因此很难预测需要的计算机内存和运算时间。为了便于分析复杂的大故障树，人们研究了许多办法来减少对计算机容量和运行时间的要求。主要办法有：

（1）去掉超过规定阶数的割集合（阶截断）。

（2）去掉其发生概率小于规定值的割集合（概率截断）。

（3）把故障树分解成若干模块，每个模块是若干基本事件的集合，相当于一个"大基本事件"，然后再求由"大基本事件"组成的故障树的最小割集合，最终求出原故障树的最小割集合。一般地，可以把一个中间事件作为一个模块处理。

（4）通过二进制处理优化存储空间。

一般地，后两种办法比较有效。

故障树定性分析用计算机程序种类繁多，商品化软件也很丰富。下面是其中比较著名的几种商品软件：

（1）PREP。该程序用两种方法求最小割集合：一种方法是把基本事件 1 个、2 个、3 个……直到规定的阶数组合起来，看其能否使顶事件发生而确定最小割集合；另一种方法是利用事件发生概率进行蒙特卡罗模拟找出最可能发生的最小割集合。前一种方法花费过多的计算机时间；后一种方法则可能漏掉一些最小割集合。该程序可用于分析包含 2000 个基本事件、2000 个逻辑门的故障树，求解 3 阶以内的最小割集合时效率很高。

（2）MOCUS。利用福赛尔提出的行列法自上而下地求出最小割集合或最小径集合。该程序不适于分析含有互斥基本事件的故障树，故常用来求解最小径集合。

（3）PATHCUS。输入最小径集合、输出最小割集合，或者输入最小割集合、输出最小径集合。

（4）FATRAM。该程序算法与 MOCUS 的算法类似，由于采用了逻辑门优化处理技术而节省了大量计算机内存和运算时间。它可以根据用户规定的阶数输出最小割集合。

（5）TREEL 和 MICUP。该程序由加利福尼亚大学开发，其算法与 MOCUS 的算法类似，但是采用自下而上的方式求解，其中 TREEL 确定最小割集合的最大数目和阶数，然后去除超过规定阶数的最小割集合，可以节省计算机内存和运算时间。

6.3.4.2 定量分析程序

A　利用最小割集合的定量分析程序

在已知最小割集合和基本事件发生概率的情况下，求解顶事件发生概率、顶事件发生次数期望值和基本事件重要度。

（1）KITT。这是根据威士利的动态树理论开发的定量分析程序，该程序既可以用于不维修问题也可用于维修问题。用 PREP 或 MOCUS 获得的最小割集合可以直接输入该程序。

（2）SPOCUS。这是 KITT 的改进版，计算效率较高。

B　定性和定量分析程序

这类程序可同时获得最小割集合与顶事件发生概率。比较著名的 SETS 由美国桑的亚实验室开发。它利用布尔代数公式自上而下方式的分析，可以分析包含 8000 个基本事件和逻辑门的故障树，该程序还可以用于事件树分析。

类似的程序很多，如美国的 ALLCUTS、PLMOD、RAS，意大利的 AWE1、CADI、DICOM-ICS、SALP-3，德国的 MUSTAFA、MUSTAMO、RALLY，法国的 PATRICK，丹麦的 FAUNET 等。

C　直接求解程序

直接求解程序直接利用布尔代数公式自下而上地计算出顶事件发生概率和求出最小割集合。其中比较著名的有法国的 PATREC、加拿大的 SIFTA、美国的 WAM-BAM 等。

6.4　故障树分析实例

6.4.1　故障树的编制

编制故障树又称故障树合成（synthesis），是故障树分析的第一步，其目的在于找出可能导致顶事件发生的全部基本事件，弄清基本事件之间、基本事件与顶事件之间的关系。故障树的基本事件一般包括物的故障、人失误或环境问题，即第二类危险源。因此，编制故障树的过程是辨识危险源的过程，正确地编制故障树才能正确地辨识危险源。同时，正确地编制故障树也是进行后面的定性分析和定量分析的基础。

为了正确地编制故障树，需要注意如下两个问题：

（1）确定顶事件。顶事件是被故障树分析的对象，在危险源辨识、控制和评价时，把被分析的系统故障或事故确定为顶事件。为了更有效地进行故障树分析，作为顶事件的系统故障或事故应该能清晰地回答"何时"、"何地"、"何种故障或事故"。例如，以"装置火灾"为顶事件就不如"氧化反应装置运转中反应失控"明确。

（2）规定分析的边界条件。编制故障树时必须规定下述的边界条件：

1）硬件系统的边界。硬件系统的边界包括故障树分析涉及的设备、这些设备与衔接工艺间的交接面、公用供应系统等。

2）分析的深度。分析的深度是指分析的详细程度，即查找的基本原因详细到什么程度。例如，可以把阀门作为一个部件来考虑，也可以把它分解成阀体、阀瓣、阀杆等零件来考虑。确定分析的深度时一方面考虑分析的目的要求，另一方面也要考虑到可能获得的故障资料的详细程度。

3）初始条件。初始条件包括初始设备条件和初始运转条件。这些条件确定什么样的状态属于故障状态，什么样的状态属于正常状态。例如，阀门可能关闭也可能开启，根据其在系统中的功能情况确定哪种状态属于正常状态。

4）不考虑的事件。有些事件或条件在故障树分析中可以不考虑。例如，在分析仪器故障时一般不考虑导线故障。

5）现有条件。现有条件是一些在故障树分析中一定要出现的事件或条件。

不考虑的事件和现有条件不一定在故障树中出现，但是在分析其他故障时必须考虑其影响。

6）其他前提条件。其他前提条件是分析者在进行故障树分析时对系统做的一些有关的假设。

编制故障树从顶事件开始，演绎地推论其发生原因，得到第一层中间事件，然后再寻找中间事件发生原因，直到找出全部基本事件为止。如果只要有一个输入事件发生则输出事件就发生，则用逻辑或门把输入事件和输出事件连接起来；如果必须全部输入事件都发生输出事件才发生，则用逻辑与门把输入事件和输出事件连接起来。

为了系统、全面地编好故障树，在编制过程中应该遵从如下规则：

（1）描述故障事件。把故障事件写入事件符号中，准确地描述元素及其故障模式。应该写清楚在"何时"、"何处"发生了"何种"故障，并且尽可能做到用语简洁。

（2）给故障事件分类。在编制故障树时把故障事件划分为两类：元素故障和系统故障。如果是元素故障，则可以在逻辑或门下分别找出元素的原生故障、次生故障和指令故障。

1）原生故障是元素在规定的条件下运转过程中发生的故障，其发生往往是由元素自身的缺陷造成的，而不是由外力或外部条件引起的。

2）次生故障是元素在规定之外的条件下运转时发生的故障，其发生是由于外力或外部条件作用的结果，并非元素自身缺陷引起的。

3）指令故障是元素的控制指令不正确而出现的功能故障，其发生不是元素自身的问题而是控制它的指令方面的问题。例如，超温报警器在超温时没有报警，发生了故障，但是其故障原因是温度传感器故障而没有向报警器传达指令。

一般地，编制故障树过程中遇到原生故障则不必继续分析，如果是次生故障或指令故障则需要继续分析，一直分析到原生故障为止。

（3）完成每个逻辑门。应该完成每个逻辑门的全部输入事件后再去分析其他逻辑门的输入事件。注意，两个逻辑门不能直接连接，必须经过中间事件连接。

在编制故障树时，不同的人对事故发生机理认识不同，看问题的角度不同，或者知识、经验不同，对同一系统中发生的同样事故编制出的故障树也不尽相同，甚至差别很大。特别是涉及人的因素时问题变得复杂起来，编制出得到公认的故障树更加困难。

6.4.2 从脚手架上坠落死亡事故的故障树分析

佐藤吉信在分析一造船厂中发生的从脚手架上坠落死亡事故原因时，进行了故障树分析。

6.4.2.1 编制故障树

在某造船厂拆除脚手架的作业中，一工人扛着拆下的杆子在脚手架上行走时因身体失去平衡而坠落。当时他没有佩带安全带，所以一直坠落到坚硬的地面上，当即死亡。这是一起典型的高处坠落伤亡事故。

选择"从脚手架上坠落死亡"事件作为故障树的顶事件，它的发生是由于"从脚手架上坠落"，即是"从脚手架上坠落事故"的结果。事故发生后能否造成人员死亡取决于坠落高度和地面状况（硬度、杂物等），因此在顶事件和第一个中间事件之间用控制门连接：只有在高度和地面状况达到一定程度时死亡才会发生。

"从脚手架上坠落"事故的发生是由于"不慎坠落"。但是，仅仅"不慎坠落"还不足以造成事故，因为如果安全带可以把坠落者拉住则能阻止坠落。于是，"安全带没起作用"和"不慎坠落"同时发生是"从脚手架上坠落"事故的必要原因，把它们用逻辑与门和上一事件连接起来。

中间事件"不慎坠落"的发生，可能是由于在脚手架上"滑倒"或"身体失去平衡"，同时"身体重心超出"脚手架。因此，这里用条件或门连接，"身体重心超出"是引起"不慎坠落"发生的必要条件，画成条件事件。在这里不去追究"滑倒"、"身体失去平衡"的原因，故用了省略符号。

中间事件"安全带没起作用"可能是因为"没使用安全带"或安全带受力时发生"机械性破坏"，用逻辑或门连接起来。"没有使用安全带"可能是"因走动而取下"或"忘带"，用逻辑或门把它们连接起来。此处，"因走动而取下"安全带既不是不安全行为也不是人失误，而是生产活动中的正常行为，故画成房形符号。"机械性破坏"可能是由于"安全带损坏"或固定安全带的"支撑物破坏"，用逻辑或门把它们连接起来。

得到的故障树如图6-8所示。

6.4.2.2 故障树分析

该故障树共包括6个基本事件、2个条件事件，包括1个控制门、1个逻辑与门、3个逻辑

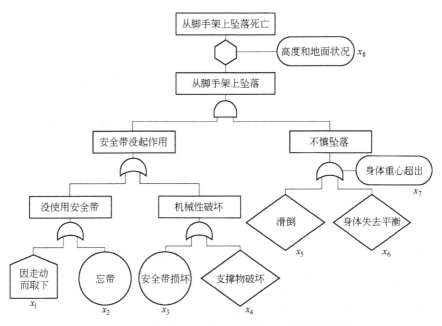

图6-8 从脚手架上坠落死亡事故原因分析故障树

或门和1个条件或门。

故障树的结构函数为：

$$T = (x_1 + x_2 + x_3 + x_4) \cdot (x_5 + x_6) \cdot x_7 \cdot x_8$$

最小割集合共8个，都是由4个基本事件组成的：

$$(x_1, x_5, x_7, x_8) \qquad (x_2, x_5, x_7, x_8)$$
$$(x_3, x_5, x_7, x_8) \qquad (x_4, x_5, x_7, x_8)$$
$$(x_1, x_6, x_7, x_8) \qquad (x_2, x_6, x_7, x_8)$$
$$(x_3, x_6, x_7, x_8) \qquad (x_4, x_6, x_7, x_8)$$

最小径集合共4个，它们是：

$$(x_1, x_2, x_3, x_4) \qquad (x_5, x_6) \qquad (x_7) \qquad (x_8)$$

根据各基本事件在最小割集合、最小径集合中出现的情况，可知条件事件 x_8（高度和地面状况）、x_7（身体重心超出）最重要，应该优先采取措施控制它们。例如，张挂安全网（平网）以降低坠落高度和缓冲；在脚手架外侧张挂安全网（立网）以防止人员身体重心超出等。

根据前面两个最小径集合，可以采取措施确保安全带起作用，以及设法防止人员滑倒和身体失去平衡来防止坠落发生。

6.4.3 化学反应失控事故原因分析故障树

布朗宁（R. L. Browning）曾编制了化学反应失控事故原因分析故障树，用以说明如何利用故障树分析的结果指导系统改进。

6.4.3.1 化学反应失控事故

图6-9所示为一放热化学反应装置。在生产过程中随着供料速率的增加化学反应放热量增

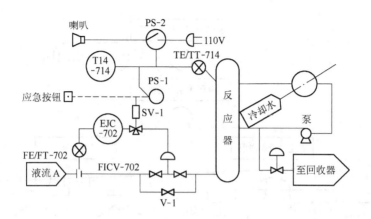

图6-9　化学反应装置安全监控系统

加，当反应器的温度达到149℃时将发生重大破坏性反应失控事故。为了保证正常的反应温度（93℃），利用流经水冷热交换器的循环水排走热量。

该装置设有安全监控系统，其功能如下：

（1）利用温度传感器 TE/TT-714 监测反应器温度；

（2）反应器温度升高到107℃时发出声音警报（利用喇叭）；

（3）反应器温度升高到107℃时关闭电磁阀 SV-1，切断物料供给，使反应停止；

（4）操作者听到报警后可以按下应急按钮关闭电磁阀，切断物料供应，使反应停止。

6.4.3.2　编制故障树

故障树顶事件为"反应失控"，其发生是由于"温度向149℃偏移"和"偏移没被抑制（FICV-702 没关闭）"两事件同时发生的结果，两中间事件与顶事件间用逻辑与门连接。

分析"温度向149℃偏移"事件，可以从供料失控和反应器冷却不好两方面探究原因。前者对应于"FICV-702 开启或卡在开位"事件；后者对应于"反应器失冷"事件。

"偏移没被抑制"事件的发生除了"阀故障"和"旁通阀开启"两方面原因外，主要是由于安全监控系统故障，即"SV-1 没开启"引起的。仔细地研究安全监控系统的构成和发挥功能情况，可以逐次地找出导致其故障的所有的基本事件。

最终编制出的故障树如图6-10所示，图6-11为图6-10的续图。由两故障树图可以看出，该故障树共包含19个基本事件，其中 C_3、E_3、E_4、E_5 在故障树中重复出现，实际上只有16个基本事件。

6.4.3.3　故障树分析

该故障树共包括14个逻辑门，其中仅有2个逻辑与门，其余皆为逻辑或门，表明该化学反应系统安全性较差，较容易发生事故。

利用计算机程序 MOCUS 求得故障树的全部最小径集合为：

$$(C_3, E_5, C_8, C_{10}, E_4)$$

$$(C_3, C_4, C_5, C_6, C_7, E_1, E_2, E_3, E_5)$$

$$(C_3, E_3, E_5, C_8, E_4, C_{11}, C_{12}, C_{13}, C_{14})$$

利用计算机程序 PATHCUT 由最小径集合求得41个最小割集合：

一阶最小割集合2个：

$$(C_3) \qquad (E_5)$$

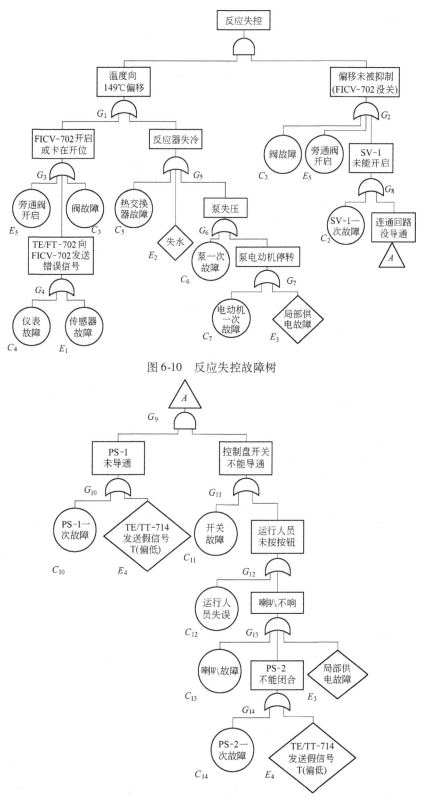

图 6-10 反应失控故障树

图 6-11 反应失控故障树

二阶最小割集合 15 个：

$$(E_3,E_4) \qquad (E_3,C_8) \qquad (E_3,C_{10})$$
$$(E_2,E_4) \qquad (E_2,C_8) \qquad (E_1,E_4)$$
$$(E_1,C_8) \qquad (E_4,C_7) \qquad (C_7,C_8)$$
$$(E_4,C_6) \qquad (C_6,C_8) \qquad (E_4,C_5)$$
$$(C_5,C_8) \qquad (E_4,C_4) \qquad (C_4,C_8)$$

三阶最小割集合 24 个：

$$(C_4,C_{10},C_{11}) \qquad (C_4,C_{10},C_{12}) \qquad (C_4,C_{10},C_{13})$$
$$(C_4,C_{10},C_{14}) \qquad (C_5,C_{10},C_{11}) \qquad (C_5,C_{10},C_{12})$$
$$(C_5,C_{10},C_{13}) \qquad (C_5,C_{10},C_{14}) \qquad (C_6,C_{10},C_{11})$$
$$(C_6,C_{10},C_{12}) \qquad (C_6,C_{10},C_{13}) \qquad (C_6,C_{10},C_{14})$$
$$(C_7,C_{10},C_{11}) \qquad (C_7,C_{10},C_{12}) \qquad (C_7,C_{10},C_{13})$$
$$(C_7,C_{10},C_{14}) \qquad (C_{10},C_{11},E_1) \qquad (C_{10},C_{12},E_1)$$
$$(C_{10},C_{13},E_1) \qquad (C_{10},C_{14},E_1) \qquad (C_{10},C_{11},E_2)$$
$$(C_{10},C_{12},E_2) \qquad (C_{10},C_{13},E_2) \qquad (C_{10},C_{14},E_2)$$

该故障树包含的最小割集合数目较多，且有 2 个一阶最小割集合，也说明该系统安全性较差。

给定基本事件中物的故障率、修理时间和人失误概率等原始数据后，利用计算机程序算出一年中（8760h）反应失控次数期望值为 0.63。

6.4.3.4　系统改进

该系统的反应失控故障树中有两个一阶最小割集合 C_3（主控制阀故障）和 E_5（旁通阀开启），这是一种潜在的严重问题，应该采取措施避免其发生。为此改进系统设计，在主控制阀 FICV-702 之前增设阀门 XV-714，并由电磁阀 SV-1 控制它。这样，当反应器内温度达到 107℃时自动地或人工地利用 SV-1 切断物料供应。系统改进情况示于图 6-12；改进后发生反应失控事故的原因分析故障树如图 6-13 所示。

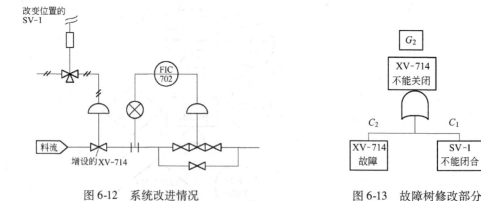

图 6-12　系统改进情况   图 6-13　故障树修改部分

改进后的故障树已经没有一阶最小割集合。假设各基本事件初始数据不变，则改进后系统发生反应失控事故的次数降为 0.02 次，系统的安全性提高了很多。

练 习 题

6-1 针对第5章练习题3的斜井提升系统，画出跑车事故分析故障树，计算顶事件发生概率。

6-2 一故障树如图6-14所示。

（1）写出结构函数，求出最小割集合和最小径集合，各基本事件的结构重要度顺序、概率重要度顺序和临界重要度顺序。

（2）设各基本事件发生概率皆为0.01，计算顶事件发生概率。

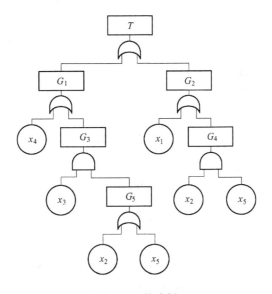

图6-14 故障树

7 系统安全评价

7.1 系统安全评价概述

7.1.1 安全与危险

7.1.1.1 自然的与人为的危险

自然界中充满着各种各样的危险，人类的生产、生活过程中也总是伴随着危险。表 7-1 和表 7-2 列出了典型的来自自然的危险和人为的危险。

表 7-1 自然的危险

自然灾害	推测的频率（每 100 年）	死亡人数
山 崩	6.74	400～4000
洪水泛滥、海啸	37.3	200～900000
龙卷风、飓风	37.5	137～250000
地 震	330	5～700000
火山爆发	2500	1～28000

表 7-2 人为的危险

事 故	推测的频率	死亡人数
药物中毒及污染	20 年中 10 次以上	0～6000
溃 坝	92 年中 14 次以上	60～2118
火 灾	90 年中 40 次以上	20～1700
化学爆炸和火灾	156 年中 19 次以上	17～1600
矿山灾害	70 年中 27 次以上	11～1549
海 难	30 年中 25 次以上	17～1953
火车倾覆	22 年中 7 次以上	12～800
飞机坠毁	63 年中 39 次以上	128～570
体育场群集事故	14 年中 24 次以上	40～400
交通事故	每年死亡 25 万人，伤 750 万人（1971 年）	

生活在现实世界里的每个人都面临大量的危险。例如，1969 年美国人的癌症死亡率为 2×10^{-4}，事故死亡率为 6×10^{-4}，所有原因的死亡率为 10^{-2}。

7.1.1.2 可接受的危险

面对众多的危险，人们努力抗争而追求安全。按一般的理解，安全是没有伤害、损害或危险，不遭受危害或损害的威胁，或免除了伤害的威胁。然而世界上没有绝对的安全，劳伦斯（W. W. Lowrance）定义安全为没有超过允许限度的危险。按此定义，安全也是一种危险，只不过其危险性很小，人们可以接受它。这种没有超过允许限度的危险被称作可接受的危险。

所谓可接受的危险是来自某种危险源的实际危险，但是它不能威胁有知识而又谨慎的人。

例如，在交通拥挤的道路上骑自行车虽然可能发生交通事故，但是人们仍然很愿意骑车代步，这就是一种可接受的危险。又如，1973 年美国军火工业中工人的事故死亡率是 $2.8 \times 10^{-3}/$（年·人），该行业的大多数人仍然认为这是可接受的危险。

所谓系统安全评价，实际上是对系统危险性的评价，即评价系统的危险性是否可以被接受，因此往往又把系统安全评价称为系统危险性评价。

安全是一个相对的、主观的概念，安全是一种心理状态。对于同一事物是安全还是危险的认识，不同的人或同一个人在不同的心理状态下是不相同的。也就是说，不同的人、在不同的心理状态下，其可接受危险的水平是不同的。一般地，人们随着立场、目的变化，对安全与危险的认识也会变化。

研究表明，许多因素影响人们对危险的认识。一般地，人们进行某项活动可能获得的利益越多，所能承受的危险越高。例如，在图 7-1 中处于 A 处的人认为是安全的，而获得较多利益的处于 B 处的人也认为是安全的。美国原子能委员会曾引用它的利益与危险关系图来说明人们从事非自愿的活动所获得的利益与承受的危险之间的关系（见图 7-2）。

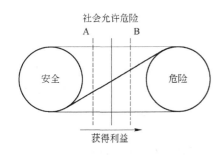

图 7-1　社会允许危险

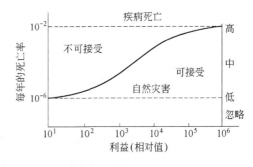

图 7-2　利益与危险

影响可接受危险水平的因素还包括人们是否自愿从事某项活动，以及危险的后果是否立即出现，是否有进行该项活动的替代方案，认识危险的程度，共同承担还是独自承担危险，事故的后果能否被消除等。

被社会公众所接受的危险称作"社会允许危险"。在系统安全评价中，社会允许危险是判别安全与危险的标准。

有人研究了公众认识的危险与实际危险之间的关系，得到了如下的结果：

（1）公众认为疾病死亡人数低于交通事故死亡人数，而实际上前者是后者的若干倍；

（2）低估了一次死亡人数少但大量发生的事件的危险性；

（3）过高估计了一次死亡许多人但很少发生的事件的危险性。

在公众的心目中，每天死亡 1 人的活动没有一年中只发生一次死亡 300 人的活动危险，出现这种情况的主要原因是一些精神的、道义的和社会心理的因素起作用。

在系统安全评价中确定安全评价标准时，必须充分考虑公众对危险的认识。

7.1.2　系统安全评价内容

人类为了保证生产、生活活动顺利地进行和自身不受伤害，必须努力控制危险源以消除和减少危险。然而，危险的存在是绝对的，人们不懈地努力消除和减少危险，而为此付出的代价却越来越昂贵。于是，人们需要进行安全评价，判断所承受的危险是否可接受，是否值得花费高昂的代价去消除或减少它们。

系统安全评价是对系统危险程度的客观评价，它通过对系统中存在的危险源及其控制措施的评价客观地描述系统的危险程度，从而指导人们先行采取措施降低系统的危险性。

罗（W. D. Rowe）曾为安全评价下了如图7-3所示的定义。安全评价包括确认危险性和评价危险程度两个方面的问题。前者在于辨识危险源，定量来自危险源的危险性；后者在于控制危险源，评价采取控制措施后仍然存在的危险源的危险性是否可以被接受。在实际安全评价过程中，这些工作不是截然分开、孤立进行的，而是相互交叉、相互重叠进行的。

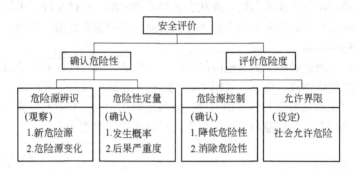

图 7-3　安全评价

一般地，用危险度（或安全度）来描述系统的危险性，危险度涉及事故发生的可能性和一旦发生事故其后果的严重程度两个方面。系统的危险度是否可以被接受，取决于作为安全评价标准的允许界限——安全目标。

7.1.2.1　安全预评价和现有系统安全评价

根据安全评价对应于系统寿命的相应阶段，把安全评价区分为安全预评价和现有系统安全评价两大类。

A　安全预评价

安全预评价是在系统开发、设计阶段，即在系统建造前进行的安全评价。安全工作最关心的是在事故发生之前预测到发生事故、造成伤害或损失的危险性。系统安全的优越性就在于能够在系统开发、设计阶段根除或减少危险源，使系统的危险性最小。进行安全预评价时需要预测系统中的危险源及其导致的事故。

B　现有系统安全评价

现有系统安全评价是在系统建成以后的运转阶段进行的系统安全评价。它的目的在于了解系统的现实危险性，为进一步采取降低危险性的措施提供依据。现有系统已经实实在在地存在着，并且根据以往的运转经验对其危险性已经有了一定的了解，因而与安全预评价相比较，现有系统安全评价的结果要接近于实际情况。

现有系统安全评价方法有统计评价和预测评价两种方法。

（1）统计评价。这种评价方法根据系统已经发生的事故的统计指标来评价系统的危险性。由于它是利用过去的资料进行的评价，所以它评价的是系统的"过去"的危险性。这种评价主要用于宏观地指导事故预防工作。

（2）预测评价。预测评价是在事故发生之前对系统危险性进行的评价，它在预测系统中可能发生的事故的基础上对系统的危险性进行评价，具体地指导事故预防工作。这种评价方法与前述的安全预评价方法是相同的，区别仅在于评价对象是处于系统寿命期间不同阶段的系统。

7.1.2.2 定性安全评价与定量安全评价

安全评价方法有定性评价方法与定量评价方法之分。从本质上说，安全评价是对系统的危险性定性的，即回答系统的危险性是可接受的还是不可接受的，系统是安全的还是危险的。如果系统是安全的，则不必采取进一步的控制危险源措施；否则，必须采取改进措施，以实现系统安全。这里所谓的定性评价、定量评价，是指在实施安全评价时是否要把危险性指标进行量化处理。

A 定性安全评价

定性安全评价时不对危险性进行量化处理而只做定性的比较。常用方法如下：

（1）与有关的标准、规范或安全检查表对比，判断系统的危险程度。

（2）根据同类系统或类似系统以往的事故经验指定危险性分类等级。例如美国的 MILSTD-882D 标准中把危险严重度分为 4 级，把事故发生可能性分成 5 级，构成危险性评价矩阵（见图 7-4）。该危险性评价矩阵中列出了对应于不同危险严重度与事故发生可能性组合的危险性排序，根据危险性排序将系统危险性划分为 4 个等级（见表 7-3）。

事故发生可能性 （概率）	危险严重度			
	Ⅰ 致命的	Ⅱ 严重的	Ⅲ 危险的	Ⅳ 可忽略的
(A)经常 ($>10^{-1}$)	1	3	7	13
(B)容易 ($10^{-1} \sim 10^{-2}$)	2	5	9	16
(C)偶然 ($10^{-2} \sim 10^{-3}$)	4	6	11	18
(D)稀少 ($10^{-3} \sim 10^{-6}$)	8	10	14	19
(E)不能 ($<10^{-6}$)	12	15	17	20

图 7-4 危险性评价矩阵

表 7-3 危险性评价标准

危险性排序	危险性等级	危险性排序	危险性等级
1 ~ 5	高	10 ~ 17	中等
6 ~ 9	较高	18 ~ 20	低

定性评价比较粗略，一般用于整个安全评价过程中的初步评价。

B 定量安全评价

定量安全评价是在危险性量化基础上进行的评价，能够比较精确地描述系统的危险状况，因而在系统安全评价中得到了广泛的应用。

按对危险性量化处理的方式不同，定量安全评价方法又分为相对的安全评价方法和概率的安全评价方法。

相对的安全评价方法是评价者根据以往的经验和个人见解规定一系列打分标准，然后按危险性分数值评价危险性的方法。相对的评价法又称为打分法。这种方法需要更多的经验和判断，受评价者主观因素的影响较大。生产作业条件危险性评价法、火灾爆炸指数法等都属于相对的安全评价法。

概率的安全评价方法是以某种系统事故发生概率计算为基础的评价方法，目前应用较多的是概率危险性评价（PRA）。

C　半定量安全评价

进行概率危险性评价需要以大量的数据为基础，实际工作中获取某些数据往往非常困难，甚至不可能。这就限制了概率危险性评价的应用。于是，人们开发了一些介于定性安全评价和定量安全评价之间，或者说部分定性、部分定量的安全评价方法，如防护层分析和功能安全评价等。

7.2　生产作业条件危险性评价

生产作业条件危险性评价是对生产作业单元进行的危险性评价。生产作业单元是生产系统的基本单位，包含人员、设备、物质、能量、信息等系统基本元素，具有系统的基本特征。生产作业条件危险性评价是系统安全评价的基础。

格雷厄姆（K. J. Graham）和金尼（G. F. Kinney）提出一种评价生产作业条件危险性的方法。该方法以被评价的作业条件与作为参考的作业条件之对比为基础，指定各种评价项目以一定的分数，最后按总的危险分数评价其危险性。

7.2.1　生产作业条件危险性分数

该方法把发生事故的可能性、人员暴露于危险环境的情况和事故后果严重度作为影响生产作业条件危险性的因素，分别考虑它们的评价分数，并按三者分数的乘积计算生产作业条件的危险性分数：

$$D = L \cdot E \cdot C \tag{7-1}$$

式中　　D——生产作业条件危险性分数；

　　　　L——事故发生可能性分数；

　　　　E——人员暴露情况分数；

　　　　C——后果严重度分数。

各评价项目打分情况如下：

（1）事故发生可能性。事故发生可能性是反映对生产作业中危险源控制程度的重要指标。充分控制生产作业中各种危险源而不发生事故的情况是不存在的，只能是发生事故的可能性非常小，以至于事故发生概率非常接近于零。因此，该方法规定实际不可能发生事故的情况其分数为0.1，规定完全出乎预料而不可预测但是有极小可能性的情况其分数为1，规定可以被预料将来某个时候会发生事故的情况其分数为10，在此基础上规定其他情况对应的分数值。表7-4列出了事故发生可能性分数。

表7-4　事故发生可能性分数

分数值	事故发生可能性	分数值	事故发生可能性
10	完全会被预料到	0.5	可以设想，但是高度不可能
6	相当可能	0.2	极不可能
3	不经常，但是可能	0.1	实际上不可能
1	完全意外，极少可能		

（2）人员暴露情况。人员在危险环境中暴露时间越长，一旦发生事故受到意外释放的能量或危险物质作用的机会越多，受到伤害的可能性越大，相应地，危险性越大。

根据生产作业要求人员在危险环境中出现的情况，规定人员连续出现在危险环境的分数为

10，规定每年仅出现几次的情况其分数为1，在此范围内规定了中间分数值。具体打分情况列于表7-5。应该注意，这里最小分数值为0.5而不是0，因为人员根本不出现在危险环境的情况没有实际意义。

表7-5 暴露于危险环境分数

分数值	暴露于危险环境情况	分数值	暴露于危险环境情况
10	连续暴露于危险环境	2	每月一次暴露
6	逐日暴露于危险环境	1	每年几次暴露于危险环境
3	每周一次或偶尔暴露	0.5	非常罕见的暴露

（3）后果严重度。事故造成人员伤害的严重程度在很大范围内变化，从轻微伤害直到多人死亡。规定需要治疗的轻微伤害的后果严重度分数为1，规定同时多人死亡的后果严重度分数为100，在此范围内规定中间分数值。具体打分情况列于表7-6。

表7-6 危险严重度分数

分数值	可能结果	分数值	可能结果
100	许多人死亡	7	严重伤害
40	数十人死亡	3	致残
15	一人死亡	1	需要治疗

7.2.2 生产作业条件危险性评价标准

根据经验，规定危险性分数20分以下为低危险性，这比骑自行车通过拥挤的马路去上班的危险性还要低一些。危险性分数为70~160表明有显著的危险性，需要采取措施整改。危险性分数为160~320的生产作业条件是必须立即整改的高度危险的条件。危险性分数大于320表明生产作业条件异常危险，不能继续作业，必须彻底整改。表7-7为规定的危险性评价标准。

表7-7 危险性评价标准

分数值	危险程度	分数值	危险程度
>320	极其危险，不能继续作业	20~70	比较危险，需要注意
160~320	高度危险，需要立即整改	<20	稍有危险，或许可以接受
70~160	显著危险，需要整改		

例如，工人每天都操作一台没有安全防护装置的机械，有时不注意会把手挤伤，过去曾发生过造成一只手致残的事故，但不会使受害者死亡。为了评价这种生产作业条件的危险性，首先确定各评价项目的分数值：

（1）事故发生可能性属于"相当可能发生"，其分数值 $L = 6$；

（2）工人每天都在这样的条件下操作，暴露情况分数值 $E = 6$；

（3）后果严重度属于"致残"，相应的分数值 $C = 3$。

于是，这种生产作业条件的危险性分数为：

$$D = 6 \times 6 \times 3 = 108$$

对照表7-7，它属于显著危险，需要改善。

该方法常用来评价不同生产作业条件的危险性，以确定采取改进措施的轻重缓急。显然，哪个生产作业条件危险分数高，就应该被优先整改。

为了实际应用方便，绘制了图7-5的诺模图。使用时，首先在对应于各评价项目的竖线上找到相应的分数点，然后过事故发生可能性分数点与暴露情况分数点画一条直线交于辅助线上一点，过此交点与后果严重度分数点做直线，与危险性分数线的交点即为求得的危险性分数值。在危险性分数值的右侧列出了危险性评价结果。

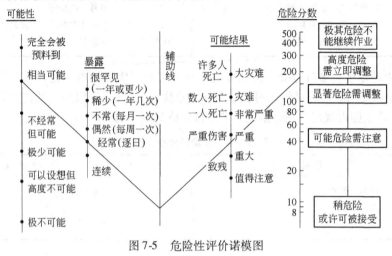

图 7-5   危险性评价诺模图

7.3   危险物质加工处理危险性评价

易燃易爆、有毒有害危险物质具有较高的危险性，在加工处理、运输、储存过程中必须采取严格的危险源控制措施。危险物质加工处理危险性评价为采取危险源控制措施提供依据。

7.3.1   火灾爆炸指数法

7.3.1.1   火灾爆炸指数法的发展

美国的道化学工业公司（Down Chemical Co.）开发的火灾爆炸指数法是一种在世界范围内有广泛影响的危险物质加工处理危险性评价方法。该方法根据物质的燃烧性和化学活泼性、工艺过程危险性评价危险物质加工处理、运输、储存的危险性，用于生产单元的危险性排序。该方法也被用于工艺过程的本质安全评价，通过比较不同工艺过程方案的危险性选择本质较安全的方案。

1964 年在《应用化学品分类指南》基础上形成了第1版，当时采用3种指数；从第2版起采用单一的火灾爆炸指数；在第3版中提出了4步评价法；第4版提出了根据燃烧性和反应性确定物质系数的方法，规定了工艺危险性系数的取值范围，规定了补偿系数，尝试计算最大预计损失 MPPD；在第5版中增加了按热力学特性计算物质系数的方法；第6版调整了物质系数，考虑了物质的温度特性和化学稳定性，考虑了毒性，计算了停产损失；1994 年的第 7 版中，调整了部分物质的物质系数和毒性指标，增加了适于计算机处理的表格、回归方程，增加了国际计量单位，讨论了最大可能损失问题。

在道化学公司火灾爆炸指数法的基础上，英国帝国化学工业公司的蒙德部门开发了 ICI 蒙德法，日本开发了岗山法等方法。我国的许多化工、石油化工、制药企业应用了道化学的方法或在它的基础上开发了新的评价方法。国际劳工局推荐的荷兰劳动总管理局的单元危险性快速排序法（见附录2），是道化学公司火灾爆炸指数法的简化方法。

7.3.1.2 道化学火灾爆炸指数法评价程序

道化学火灾爆炸指数法共包括13个评价步骤，见图7-6。

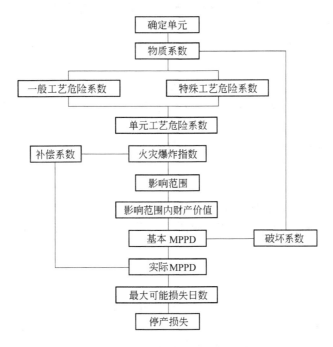

图 7-6 火灾爆炸指数法评价程序

（1）确定单元。根据储存、加工处理物质的潜在化学能，危险物质的数量（>2268kg），资金密度，工作温度和压力，过去发生事故情况等确定评价单元。

（2）确定物质系数 MF。物质系数反映物质燃烧或化学反应发生火灾、爆炸释放能量的强度，取决于物质燃烧性和化学活泼性。

（3）确定一般工艺危险性系数 F_1。根据吸热反应、放热反应、储存和输送、封闭单元、通道、泄漏液体与排放情况选择一般工艺危险性系数。

（4）确定特殊工艺危险性系数 F_2。根据物质毒性、负压作业、燃烧范围内或燃烧界限附近作业、粉尘爆炸、压力释放、低温作业、危险物质的量、腐蚀、轴封和接头泄漏、明火加热设备、油换热系统、回转设备等情况选择特殊工艺危险性系数。

（5）计算单元工艺危险系数：

$$F_3 = F_1 \cdot F_2$$

（6）计算火灾爆炸指数：

$$F\&EI = MF \cdot F_3$$

（7）计算火灾爆炸影响范围（单位：m）：

$$R = 0.26 F\&EI$$

（8）计算火灾爆炸影响范围内财产价值。

（9）确定破坏系数。破坏系数反映能量释放造成破坏的程度的指标，取值 0.01 ~ 1.0。

（10）计算基本最大预计损失（基本 MPPD）。

$$基本最大预计损失 = 再投资金额 × 破坏系数$$

$$再投资金额 = 原价格 × 0.82 × 物价指数$$

（11）计算实际最大预计损失（实际 MPPD）。

$$实际最大预计损失 = 基本 MPPD × 补偿系数$$

（12）选择安全措施补偿系数。考虑工艺控制、隔离、防火 3 方面的安全措施。

1）工艺控制：应急电源；冷却；爆炸控制；紧急停车；计算机控制；惰性气体；操作规程；化学反应评价；其他工艺危险性分析。

2）隔离：远距离控制阀；泄漏液排放系统；应急泄放；联锁。

3）防火：泄漏检测；钢结构；地下或双层储罐；消防供水；特殊消防系统；喷淋系统；水幕；泡沫；手提灭火器；电缆防护。

（13）计算停产损失 BI。估计最大可能损失生产日数 MPDO 后计算停产损失。

7.3.2　化工生产危险性评价

7.3.2.1　化工生产危险性评价方法

根据我国化工企业进行危险性评价的经验，一般采用如下的危险性评价方法（图 7-7 为评价程序框图）：

（1）划分评价单元。

（2）按有关的规范、标准审查。

（3）单元危险性排序。利用火灾爆炸指数法分别计算各单元火灾爆炸指数后进行危险性排序。

（4）事故设想。参考该单元或类似工艺单元事故经验设想可能发生的事故。

（5）事故后果分析与仿真。针对重大事故危险源进行事故后果分析和后果仿真，判断事故的影响范围，估计后果严重度，为应急对策提供依据。

（6）详细危险性分析。利用故障树或事件树分析、危险性和可操作性研究等系统安全分析方法进行详细的危险性分析，找出可能导致事故的各种原因，让管理者和操作者掌握预防事故知识和技能，为采取对策提供依据。

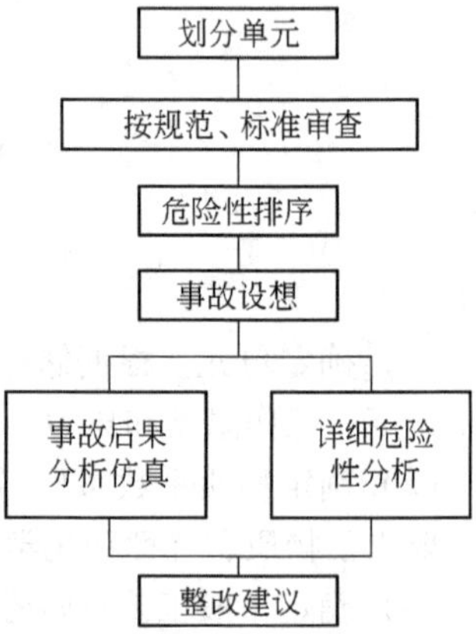

图 7-7　化工生产危险性评价程序

（7）整改建议。汇总评价结果，让管理者了解各单元的相对危险性，确定管理重点；针对危险源控制的薄弱环节提出整改建议。

7.3.2.2　国内化工生产危险性评价典型方法

A　化工企业安全评价

由原辽宁省劳动局和辽宁省石油化学工业局开发的化工企业安全评价方法，用企业危险指数和企业安全系数评价企业的危险性。

企业危险指数：

$$D = \frac{\sum_{i=1}^{n} D_i}{n} \tag{7-2}$$

式中　D——单元危险性指数，取决于燃烧爆炸危险性、毒性危险性、机械伤害危险性；

　　　n——占总数 20% 的危险指数较高的单元数。

企业安全系数：

$$C = \frac{S}{D} \times 100 \tag{7-3}$$

式中　S——企业安全指数，取决于单元安全指数、综合管理安全系数。

企业危险等级：

$D \geqslant 600$	危险 1 级	$600 > D \geqslant 450$	危险 2 级
$450 > D \geqslant 250$	危险 3 级	$250 > D \geqslant 50$	危险 4 级
$D < 50$	危险 5 级		

企业安全等级：

$C \geqslant 95$	安全 1 级	$95 > C \geqslant 80$	安全 2 级
$80 > C \geqslant 65$	安全 3 级	$65 > C \geqslant 50$	安全 4 级
$C < 50$	安全 5 级		

B　医药工业企业安全性评价

由原国家医药管理局开发的医药工业企业安全性评价方法，分别评价单元和厂（车间）的危险性。

（1）单元安全性评价。通过计算单元的火灾爆炸指数、毒性指数、作业危险指数、人员或财产损失估计，进行故障树分析、事件树分析、危险性与可操作性研究，评价单元的危险性。

（2）厂（车间）安全性评价。通过计算厂（车间）的火灾爆炸指数、毒性指数、作业危险指数和环境系数、安全管理系数评价其危险性。

C　重大危险源评价方法

由原劳动部劳动科学研究院开发的重大危险源评价方法，利用重大危险源危险性系数进行评价。重大危险源危险性系数按下式计算：

$$A = \left\{ \sum_{i=1}^{n} \sum_{j=1}^{m} (B_{111})_i W_{ij} (B_{112})_j \right\} \cdot B_{12} \cdot \prod_{k=1}^{3} (1 + B_{2k}) \tag{7-4}$$

式中　$(B_{111})_i$——第 i 种危险物质的事故易发性系数；

　　　$(B_{112})_j$——第 j 种工艺过程事故易发性系数；

　　　W_{ij}——第 i 种危险物质的危险性与第 j 种工艺过程危险性的关联度；

　　　B_{12}——事故后果严重程度；

　　　B_{2k}——危险性抵消因子。危险性抵消因子考虑 3 方面的因素：工艺、设备、容器与建筑物；人员素质；安全管理。

7.4　防护层分析与功能安全评价

7.4.1　防护层分析

防护层分析（layer of protection analysis，LOPA）是一种评价用于减轻工艺过程危险性的防护层是否充分的半定量的评价方法。

防护层分析在危险性与可操作性研究（HAZOP）的基础上进行。通过危险性与可操作性研究，明确各种工艺参数偏离带来的危险性，包括可能的事故后果严重度和导致事故的初始事件发生的概率。一般地，工艺过程的危险性可能高于允许的危险性，于是可以有针对性地采取降低危险性的安全防护措施；如果发现安全防护措施不足，则进一步增加安全防护措施将危险性降低到允许的水平，形成多重防护的防护层。

进行防护层分析时，利用安全度等级（safety integrity level，SIL）定性地描述采取防护层之前工艺过程的危险程度，通过防护层发生故障的概率定量地描述其发挥特定安全防护功能的性能。

防护层分析方法应用于评价独立防护层（independent layer of protection）是否达到了安全防护要求，即是否将工艺过程的危险性降低到了允许的水平。所谓独立防护层，是指防护层的故障与初始事件之间、与其他防护层故障之间相互独立。

7.4.1.1　安全度等级与防护层故障概率

安全度等级 SIL 是防护层发挥安全防护功能降低系统危险性的性能的度量，等于经过本质安全设计后的残余危险性与允许危险性之差（见图 7-8）。在防护层分析中，一般将安全度等级分为 3 个等级，即 SIL1、SIL2 和 SIL3。

设置防护层的目的在于通过降低某种事故后果发生概率来进一步降低工艺过程的危险性。因此，防护层必须有足够的可靠性以保证实现规定的安全防护功能。防护层故障概率是评价防护层性能的重要指标，也是防

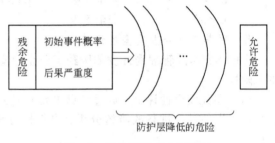

图 7-8　防护层的安全度等级

护层降低危险性效果的度量。为了使工艺过程危险性在允许的范围之内，对防护层的故障概率有一定要求。保证工艺过程危险性在允许的范围之内的防护层故障概率称为要求的故障概率（probability of failure on demand，PFD）。

防护层故障概率的倒数称为危险降低系数（risk reduction factor，RRF）：

$$RRF = \frac{1}{PFD}$$

不同安全度等级的防护层其要求的故障概率 PFD 是不同的。一个独立防护层往往达不到要求的故障概率，这时可以设置多个独立防护层以保证要求的故障概率 PFD。

由多个独立防护层组成的防护层其故障概率 P 等于各独立防护层故障概率的乘积：

$$P = \prod_{i=1}^{n} P_i$$

式中　P_i——第 i 个独立防护层的故障概率；

n——独立防护层的数目。

例如，设有 3 个独立防护层的工艺过程，初始事件发生概率为 P_0，各独立防护层的故障概率分别为 P_1、P_2 和 P_3（见图 7-9），则该初始事件导致的工艺过程危险概率为：

$$P_s = P_0 \cdot \prod_{i=1}^{3} P_i = P_0 \cdot P_1 \cdot P_2 \cdot P_3$$

7.4.1.2　防护层分析程序

防护层分析由一个由各方面专家组成的专门的工作小组完成。可以在项目或工艺过程寿命期间的任意阶段进行，但是早在完成了工艺过程流程图和管路与仪表流程图（P&ID）的时候

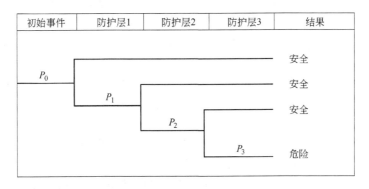

图 7-9　防护层分析事件树

进行最经济有效。对于已有的工艺过程，应该在进行或完成了危险性与可操作性研究审查或验证的时候进行。典型的防护层分析应用于完成定性危害分析之后，这时可以获得带有后果描述和应该考虑安全防护措施的危险情景的清单。

防护层分析包括 6 个步骤，见图 7-10。

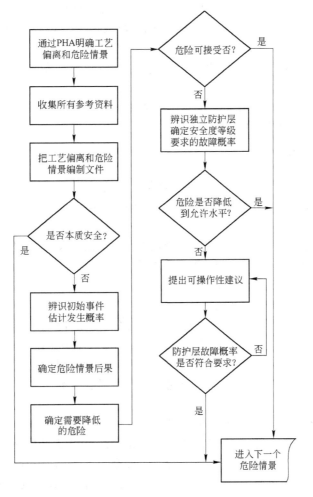

图 7-10　防护层分析程序

（1）收集所有参考资料，包括危害分析文件、压力释放阀等安全装置的设计和检查报告、防护层设计等。

（2）把工艺偏离和危险情景编入文件，使工作小组注意力集中在特定的危险情景，如高压造成管线破裂等。

（3）针对所有危险情景，如导致流量失控、压力失控、过反应等，辨识导致工艺偏离的所有初始事件。根据每个装置、系统的故障率或人员失误率数据确定各种初始事件的发生概率。

提供一份可采用的独立防护层的清单，包括它们的设计准则和限制。并且，根据设计准则给出每个独立防护层的故障概率或故障概率范围。

（4）确定危险情景的后果。弄清了潜在危险事件的频率和后果之后，根据危险性矩阵确定该危险性是否可接受，或者要求改进防护层性能以进一步降低危险性。

有时需要经过专门的后果分析，评价其是否符合规定的允许危险数值，即允许的死亡率。如果评价结果不符合要求，则必须进一步采取措施降低危险性。此时，工作小组就要辨识独立防护层并提出进一步的建议。

（5）辨识独立防护层和确定要求的故障概率。设置防护层的目的在于降低初始事件导致事故的危险性，因此防护层必须独立于初始事件，防护层之间也必须独立，满足独立性、特殊性、可靠性和可审查性要求。例如，如果一个工艺过程控制回路故障是初始事件，则由该工艺过程控制回路发出的报警不能降低危险性，不属于独立防护层。

在辨识独立防护层的基础上，根据防护层的安全度等级和要求的故障概率，确定每个独立防护层要求的故障概率。

（6）提出可操作的建议。工作小组提出尽可能多的、具有可操作性的建议，使得项目组能够选择最容易实现和最经济的方案。

7.4.2　功能安全评价

2000 年国际电工委员会（IEC）颁布的标准《电气、电子、可编程安全相关系统功能安全》（IEC 61508）中，引入了安全相关系统（safety-related system）和功能安全（functional safety）的概念。

安全相关系统是以某种技术实现安全功能的系统，是被要求实现一种或几种特殊功能以确保危险性在允许水平的系统。安全相关系统可以是独立于设备、过程控制的系统，也可能是设备、过程控制系统本身实现安全功能的系统。

安全监控系统是典型的安全相关系统。

随着计算机技术的广泛应用，许多安全相关系统都是由计算机、电子通信装置、控制它们的软件等构成的电气、电子、可编程（E/E/PE）安全相关系统。一般地，电气、电子、可编程安全相关系统都很复杂，特别是广泛地使用计算机软件，使得人们几乎不可能确定每种故障类型和很难预测其安全性能，因此电气、电子、可编程安全相关系统的功能安全受到了关注。

按定义，功能安全是"整个安全的一部分，它依赖于对输入做出正确反应的系统或机器"。为了实现要求的安全功能，电气、电子、可编程安全相关系统应该具有较高的可靠性。

根据安全相关系统发生故障造成后果的情况，安全相关系统故障有安全故障与危险故障之分。其中，危险故障会导致安全相关系统丧失安全功能，因此在设计安全相关系统时，必须设法防止危险故障或者当危险故障出现时控制它们。

电气、电子、可编程安全相关系统非常复杂，相应地造成安全相关系统危险故障的原因也很多。例如，系统、硬件或软件设计不正确，安全要求方面的疏漏，硬件的随机故障、系统故障，软件差错，共因故障，人失误，环境影响（如电磁场、温度、外力等），以及供电系统电压失调等。

一般地，电气、电子、可编程安全相关系统被用来作为发挥主动防护作用的防护层。在设计、选择电气、电子、可编程安全相关系统时，首先根据残余危险情况确定电气、电子、可编程安全相关系统应该具有什么样的安全功能，然后确定电气、电子、可编程安全相关系统的安全度（safety integrity）要求。这里的安全度要求是指电气、电子、可编程安全相关系统实现规定的安全功能的性能要求。国际标准 IEC 61508 划分了 4 个安全度等级，其中 SIL1 安全度最低，SIL4 安全度最高。

例如，一台有活动防护罩的旋转刃机器。清扫机器时操作者抬起防护罩能够接触到刀刃。为了防止清扫机器时人员受到伤害把防护罩电气联锁，当抬起防护罩时机器电源被切断，在操作者碰到刀刃之前刀刃停止旋转。

首先明确防护罩电气联锁的安全功能，当防护罩升起5mm或5mm以上时，电动机应该停电和启动刹车，使刀刃在1s内停止。

然后通过危险性评价确定安全功能的安全度要求。防护罩电气联锁故障的后果可能是将操作者的手切断或者仅仅是擦伤。抬起防护罩的频率，即暴露危险，可能每天几次，也可能一个月不到一次。根据危险后果和危险出现概率，该安全度等级为SIL2。

该例中，电气、电子、可编程安全相关系统由防护联锁开关、电路、接触器、电动机和刹车组成。安全功能和安全度规定了电气、电子、可编程安全相关系统作为一个整体在特定环境下的表现。

标准 IEC 61508 详细规定了每个安全度等级的电气、电子、可编程安全相关系统必须达到的性能要求，安全度等级越高则要求越严格，允许的危险故障发生概率就越小（见表7-8）。

表7-8 各安全度等级对应的允许故障概率范围

安全度等级（SIL）	低频动作模式平均故障概率	高频或连续动作模式危险故障概率/h^{-1}
4	$10^{-5} \sim 10^{-4}$	$10^{-9} \sim 10^{-8}$
3	$10^{-4} \sim 10^{-3}$	$10^{-8} \sim 10^{-7}$
2	$10^{-3} \sim 10^{-2}$	$10^{-7} \sim 10^{-6}$
1	$10^{-2} \sim 10^{-1}$	$10^{-6} \sim 10^{-5}$

从功能安全的理念出发，国际电工委员会针对不同领域分别制定并颁布了《过程工业安全监控系统功能安全》（IEC 61511）、《机械安全——电气、电子、可编程电子控制系统功能安全》（IEC 62061）等国际标准，并对相关的电气、电子、可编程安全相关系统产品实行认证制度。

根据标准《过程工业安全监控系统功能安全》（IEC 61511），安全度等级也是过程工业安全仪表系统（safety instrument systems，SIS）设计、运行和维护的评价基准。

7.5 概率危险性评价

7.5.1 概述

概率危险性评价是以某种伤亡事故或财产损失事故的发生概率为基础进行的系统危险性评

价。它主要采用定量的系统安全分析方法中的事件树分析、故障树分析等方法，计算系统事故发生的概率，然后与规定的安全目标相比较，评价系统的危险性。

由于概率危险性评价耗费人力、物力和时间，它最适合以下几种系统的危险性评价：

（1）一次事故也不允许发生的系统，如洲际导弹、核电站等；

（2）其安全性受到世人瞩目的系统，如宇宙航行、海洋开发工程等；

（3）一旦发生事故会造成多人伤亡或严重环境污染的系统，如民航飞机、矿山、海洋石油平台、石油化工和化工装置等。

概率危险性评价如图 7-11 所示。整个评价过程包括系统内危险源的辨识、估算事故发生概率、推算事故后果、计算危险度以及与设定的安全目标值相比较等一系列的工作。

在概率危险性评价中，广泛应用事件树分析和故障树分析方法等定量的系统安全分析方法辨识危险源，求算系统事故发生概率；应用

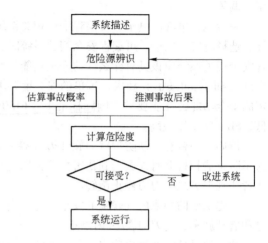

图 7-11　概率危险性评价程序

后果分析方法推测重大危险源导致事故的后果严重程度。狭义的概率危险性评价包括计算危险度和设定安全目标两项主要工作。前者在于定量地描述系统的危险性，后者在于确定可接受的危险水平。

7.5.2　危险性量化

概率危险性评价往往以危险度作指标来客观地描述系统的危险程度。一般地，把危险度定义为事故发生概率与事故后果严重度的乘积：

$$D = P \cdot C \tag{7-5}$$

式中　P——给定时间间隔内事故发生的概率；

　　　C——事故后果严重度，可以是经济损失金额、反映人员伤害严重程度的损失工作日数或伤亡人数。

在这里应该注意，对于相同的危险度数值，可能有许多种事故发生概率与事故后果严重度的组合。如前所述，某企业每年发生死亡 1 人的事故 10 起和每年发生死亡 10 人的事故 1 起，按式（7-5）计算两者的危险度相同，但是人们更重视后者。有时为了强调事故后果严重度的社会心理影响，按下式定义危险度：

$$D = P \cdot C^k \quad (k > 1) \tag{7-6}$$

系统事故可能带来不同形式和不同严重度的后果，并且各种形式后果及其不同严重度相应地有不同的发生概率。在这种情况下，用累积概率分布函数或危险曲线来描述危险性更符合实际，更容易比较。

设在给定的时间间隔内，严重度在 x_i 和 $(x_i + dx_i)$ 之间的第 i 类后果的事故发生概率为 $R(x_i)$，则其严重度不超过 x_i 的第 i 类后果的事故发生累积概率为：

$$D(\leqslant x_i) = \int_0^{x_i} R(x_i)\,\mathrm{d}x_i \tag{7-7}$$

各种严重度的第 i 类后果的事故发生累积概率为:

$$D_i = \int_0^\infty R(x_i)\,\mathrm{d}x_i \tag{7-8}$$

如果事故可能带来 n 类结果,则各种严重度的所有种类后果事故发生累积概率为:

$$D = \sum_{i=1}^n a_i \int_0^\infty R(x_i)\,\mathrm{d}x_i \tag{7-9}$$

式中, a_i 为累计因子,用以将不同种类的后果(人员伤亡、财产损失、环境污染)折算成统一指标。

7.5.3 安全目标的确定

确定概率危险性评价时的安全目标是件非常困难的工作,迄今应用的确定安全目标的方法有下述 3 种。

7.5.3.1 通过与疾病、自然灾害危险对比来确定安全目标

在确定安全目标时,要划定可接受的危险与不可接受的危险之间的界限。按社会对危险性的认识,可以把危险分为 3 类:

(1)过度的危险(excessive risk)。必须立即采取措施降低它。

(2)正常的危险(average risk)。只要经济上合理、技术上可能,就要采取措施降低它。

(3)可接受的危险(negligible risk)。采取措施降低它相当于浪费金钱。

在考虑可接受的危险时,往往以疾病或其他灾害的死亡率作参考:低于疾病死亡率而高于自然灾害死亡率。

奥特韦(H. J. Otway)和厄德曼(R. C. Erdmann)研究核电站的社会允许个人死亡危险时,得到如下结论:

(1)年间死亡概率 10^{-3}——不可接受的危险;

(2)年间死亡概率 10^{-4}——公众将要求投资控制和减少它;

(3)年间死亡概率 10^{-5}——公众认识到危险,告诫人们注意;

(4)年间死亡概率 10^{-6}——不会威胁普通人的危险;

(5)年间死亡概率 10^{-7}——高度可接受的危险。

7.5.3.2 根据经济性确定安全目标

确定安全目标是一个非常复杂的问题,涉及社会的政治、经济、技术和文化等诸多因素。1974 年,英国在《健康与安全法》中首先采用了"合理可行地低(as low as reasonably practicable,ALARP)"的确定安全目标的原则,简称 ALARP 原则。所谓"合理可行地低",是指为了再进一步降低危险性的成本与收益已经严重失衡时的危险性,见图 7-12。

系统安全的目标是使系统在规定的功能、成本、时间范围内危险性最小。因此,在系统的危险性和经济性之间有个协调、优化的问题。该方法把个人或企业承担的危险与获得的利益相比较,考虑每项活动的得失,优化财力分配,使系统的危险性"合理可行地低"。

根据个人或企业从事某项有危险性的活动获得的效益确定安全目标时,其方法称作"危险-效益"法;根据降低危险性的成本与期望的效益确定安全目标时,其方法称作"成本-效益"法。

当评价一项用以减少事故发生概率或减轻事故后果严重度的安全措施时,可按下式计算成本-效益率:

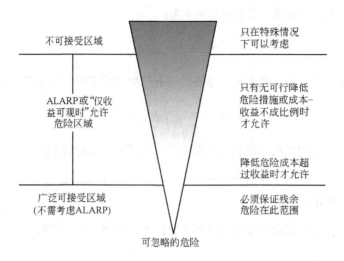

图 7-12　ALARP 原则

$$B = \frac{M}{D - D'} \tag{7-10}$$

式中　M——安全措施的成本；

　　　D——采取措施前的危险度；

　　　D'——采取措施后的危险度。

该成本-效益率表示为降低一个单位危险度所花费的资金数。例如，在考虑增设减少核设施的放射性后果的安全防护系统时，它等于为降低人体所受辐射量 2.58×10^{-4} C/kg（1 伦琴）所花费的钱数。美国安全机构建议，当增设核放射性防护系统时，成本-效益率为（每 2.58×10^{-4} C/kg）1000 美元可以考虑。

另一种经济性考虑是在现有安全状况下再多拯救一个人的生命要花费多少钱，相当于在现有安全状况下再多挽救一个人的生命的边际成本。这涉及生命价值问题，确定人的生命的价值是一项非常困难的工作。在不同的活动领域，挽救一个人的生命花费的金钱数有很大差别。在许多领域中由官方来决定花多少钱去拯救人的生命。

7.5.3.3　根据事故统计确定安全目标

根据事故统计确定安全目标是一种得到广泛应用的确定安全目标的方法。当有以往的事故统计资料时，参考这些统计资料，再考虑目标的技术、经济合理可行，就可以确定安全目标。例如，我国确定安全目标时，以本地区、本行业前 3 年或前 5 年的事故统计平均值为基准，然后参照国家和上级要求及其他地区、行业的情况确定。

7.5.4　确定安全目标实例

7.5.4.1　核工业的安全目标

英国原子能机构的法默（F. R. Farmer）在 1967 年首先指出，核反应堆事故发生概率与事故释放碘（^{131}I）的放射强度大小有关，严重事故的最大允许发生概率是事故后果严重度的减函数。在概率-严重度坐标上，他用一条曲线把可接受危险和不可接受危险分开。该曲线称为事故释放概率限制曲线，又称法默曲线。

美国核规程委员会（Nuclear Regulatory Commission）提出核电站的定性的和定量的安全目

标，作为制定安全规程的依据，帮助公众了解核电站的危险性和乐于接受危险，以及作为核电站设计、运行的参考。

（1）定性的安全目标：

1）装置附近的人应该受到充分的保护，核电站的运行不会给个人生命健康带来重大的、额外的影响；

2）核电站运行带来的集体生命健康危险应该相当于或低于其他种类电力生产的危险性，并不会明显增加其他方面的危险性。

（2）定量的安全目标：

1）核电站事故导致周围 1.6km（1 英里）范围内居民的直接死亡概率不得超过美国公众因其他事故直接死亡累积概率的千分之一，即年间个人直接死亡概率为 5×10^{-7}；

2）核电站导致周围 16km（10 英里）范围内个人癌症死亡率应该不超过其他原因诱发癌症死亡累积概率的千分之一，即年间个人癌症死亡率为 2×10^{-6}。

7.5.4.2 航空工业的安全目标

法国航空工业根据事故统计资料确定安全目标，并将其用于开发协和（concorde）飞机的概率危险性评价中。

1977 年，世界航空事故中正常飞行的死亡事故率为每飞行小时 5×10^{-6}。根据对死亡事故原因分析，23% 的事故是由飞机性能方面的原因造成的，77% 的事故是由操作方面的原因引起的。相应地，由于飞机设计制造原因造成的死亡事故率约为每飞行小时 10^{-7} 数量级。

该定量安全目标把飞机故障的后果分为 4 级，把故障概率也分成 4 级。把故障后果和故障概率等级填入图 7-13 所示的危险矩阵中，则评价结果落入空白格中为合格。

后果＼概率	10^{-5} 可能	10^{-7} 稀少	10^{-9} 很稀少	极不可能
轻 微				
重 要	▨			
危 险	▨	▨		
灾 难	▨	▨	▨	

图 7-13 协和危险性评价表

协和开发项目还提出了两项补充的安全目标：灾难级故障概率的总和应低于 10^{-7}；危险级故障概率总和应低于 10^{-6}。一架新飞机的安全目标是故障概率 10^{-7}。

美国联邦航空局（FAA）建议的安全目标为飞行期间（包括起飞、降落）的灾难性事故发生概率 10^{-9}。

7.5.4.3 化工企业安全目标

英国帝国化学工业公司的克莱兹（Kletz）提出以死亡事故率（FAFR）为指标确定安全目标，死亡事故率 FAFR 为 10^{-8}h 内的平均死亡人数，它相当于 1000 人每年工作 2500h，工作 40 年的期间内的事故死亡人数。

1970 年，英国化学工业的 FAFR 为 4，于是规定大多数操作者承受的个人死亡危险不能超过 2。如果设计建设的或现有的工厂危险性高于该安全目标，必须采取措施去除或降低。该公司争取的安全目标是 FAFR 为 1。假设每座工厂约包含 5 种主要事故危险源，则分别计算的单项危险不许超过总 FAFR 的 10%，即每个职工承受的危险的 FAFR 为 0.4。

在弗利克斯保罗事故后，英国重大危险源咨询委员会建议可接受的集体危险为：一次死亡30人的灾难性事故发生概率不应超过每10000年1次。

7.5.4.4 海洋石油平台的安全目标

挪威石油管理局（Norwegian Petroleum Directorate）在为海洋石油平台发证前进行危险性评价时，规定了安全目标。

它建议在平台设计阶段就要进行安全评价。针对井喷、火灾、船只碰撞、直升机坠落、地震、恶劣气候等事故、灾害，设计平台必须具有3种安全功能：

（1）避难区域。在事故发生后直到大撤退之前数小时内为人员提供避难场所。

（2）紧急出口。至少维持一个紧急出口在事故后1h内不受破坏，以提供撤退通路。

（3）基本结构。发生事故时平台的基本结构必须在规定时间内承担其负荷。

定量安全目标是：危及任何一种安全功能的每种事故年间发生概率不超过 10^{-4}。

思 考 题

7-1 何谓可接受的危险，影响可接受危险的主要因素有哪些？

7-2 为了客观地评价系统的危险性，危险性评价方法必须解决哪些关键技术问题？

7-3 防护层分析和功能安全评价如何进行半定量安全评价？

7-4 在概率危险性评价中怎样确定作为目标值的死亡事故率？

练 习 题

7-1 以某一实际化工生产过程为对象，应用单元危险性快速排序法评价其火灾爆炸危险性。

附　录

附录1　危险化学品名称及其临界量

危险化学品名称及其临界量如附表1所示。

附表1　危险化学品名称及其临界量

序　号	类　别	危险化学品名称和说明	临界量/t
1	爆炸品	叠氮化钡	0.5
2		叠氮化铅	0.5
3		雷酸汞	0.5
4		三硝基苯甲醚	5
5		三硝基甲苯	5
6		硝化甘油	1
7		硝化纤维素	10
8		硝酸铵（含可燃物大于0.2%）	5
9	易燃气体	丁二烯	5
10		二甲醚	50
11		甲烷、天然气	50
12		氯乙烯	50
13		氢	5
14		液化石油气（含丙烷、丁烷及其混合物）	50
15		一甲胺	5
16		乙炔	1
17		乙烯	50
18	毒性气体	氨	10
19		二氟化氧	1
20		二氧化氮	1
21		二氧化硫	20
22		氟	1
23		光气	0.3
24		环氧乙烷	10
25		甲醛（含量大于90%）	5
26		磷化氢	1
27		硫化氢	5

续附表 1

序　号	类　别	危险化学品名称和说明	临界量/t
28	毒性气体	氯化氢	20
29		氯	5
30		煤气（CO，CO 和 H$_2$、CH$_4$ 的混合物等）	20
31		砷化三氢（胂）	1
32		锑化	1
33		硒化氢	1
34		溴甲烷	10
35	易燃液体	苯	50
36		苯乙烯	500
37		丙酮	500
38		丙烯腈	50
39		二硫化碳	50
40		环己烷	500
41		环氧丙烷	10
42		甲苯	500
43		甲醇	500
44		汽油	200
45		乙醇	500
46		乙醚	10
47		乙酸乙酯	500
48		正己烷	500
49	易于自燃的物质	黄磷	50
50		烷基铝	1
51		戊硼烷	1
52	遇水放出易燃气体的物质	电石	100
53		钾	1
54		钠	10
55	氧化性物质	发烟硫酸	100
56		过氧化钾	20
57		过氧化钠	20
58		氯酸钾	100
59		氯酸钠	100
60		硝酸（发红烟的）	20
61		硝酸（发红烟的除外，含硝酸大于 70%）	100
62		硝酸铵（含可燃物不大于 0.2%）	300
63		硝酸铵基化肥	1000

续附表1

序　号	类　　别	危险化学品名称和说明	临界量/t
64	有机过氧化物	过氧乙酸（含量不小于60%）	10
65		过氧化甲乙酮（含量不小于60%）	10
66	毒性物质	丙酮合氰化氢	20
67		丙烯醛	20
68		氟化氢	1
69		环氧氯丙烷（3-氯-1，2-环氧丙烷）	20
70		环氧溴丙烷（表溴醇）	20
71		甲苯二异氰酸酯	100
72		氯化硫	1
73		氰化氢	1
74		三氧化硫	75
75		烯丙胺	20
76		溴	20
77		乙撑亚胺	20
78		异氰酸甲酯	0.75

附录2　单元危险性快速排序法

A　单元划分

建议按下述工艺过程划分评价单元：

（1）供料部分；

（2）反应部分；

（3）蒸馏部分；

（4）收集部分；

（5）破碎部分；

（6）卸料部分；

（7）骤冷部分；

（8）加热/制冷部分；

（9）压缩部分；

（10）洗涤部分；

（11）过滤部分；

（12）造粒塔；

（13）火炬系统；

（14）回收部分；

（15）存储装置的每个罐、储槽、大容器；

（16）存储用袋、瓶、桶盛装危险物质的场所。

B　确定物质系数和毒性系数

从美国防火协会的物质系数表（见附录3）直接查出被评价单元内危险物质的物质系数；从同一表格查出健康危害系数，按附表2转换为毒性系数。

附表2　健康危害系数与毒性系数

健康危害系数	毒性系数	健康危害系数	毒性系数
0	0	3	250
1	50	4	325
2	125		

C　计算一般工艺危险性系数

由以下各种工艺过程对应的危险性分数值之和求出一般工艺危险性分数。

（1）放热反应。

1）固体、液体、可燃性混合气体燃烧：0.2

2）加氢、水解、烷基化、异构化、硫化、中和：0.3

3）酯化，氧化，聚合，缩合，不稳定、强反应性物质异构化：0.5

4）不稳定、强反应性物质酯化：0.75

5）卤化、强氧化剂氧化：1.0

6）硝化，不稳定、强反应性物质酯化：1.25

（2）吸热反应。

1）燃烧（加热）、电解、裂解等吸热反应：0.20

2）利用燃烧为煅烧、裂解提供热源：0.40

（3）存储和输送。

1）装卸危险物质：0.50

2）用桶、运送罐在仓库、庭院存储危险物质：

存储温度在常压沸点之下　　0.30

存储温度在常压沸点之上　　0.60

（4）封闭单元。

1）在闪点之上、常压沸点之下的可燃液体：0.30

2）在常压沸点之上的可燃液体或液化石油气：0.50

（5）其他方面。用桶、袋、箱盛装危险物质，使用离心机，在敞口容器中批量混合，同一容器用于一种以上反应等：0.50

D　计算特殊工艺危险性系数

由下列各种工艺条件对应的分数值之和求出特殊工艺危险性系数。

（1）工艺温度。

1）在物质闪点以上：0.25

2）在物质常压闪点以上：0.60

3）物质自燃温度低，且可被热供汽管引燃：0.75

（2）负压。

1）向系统内泄漏空气无危险：不考虑

2）向系统内泄漏空气有危险：0.50

3）氢收集系统：0.50

4）绝对压力 67kPa 以下的真空蒸馏：0.75

5）向系统内泄漏空气或污染物有危险：0.75

（3）在燃烧范围内或燃烧界限附近作业。

1）露天储罐存储可燃物质，在蒸气空间中混合气体浓度在燃烧范围内或燃烧界限附近：0.50

2）接近燃烧界限的工艺或需要用设备和（或）氮、空气清洗、冲淡，以维持在燃烧范围以外的操作：0.75

3）在可燃烧范围内操作的工艺：1.0

（4）操作压力。在操作压力高于大气压力的场合，需要考虑压力分数。

可燃或易燃液体按下式计算压力分数 y：

$$y = 0.435 \lg(9.869 \times 10^{-3} p)$$

式中　p——减压阀确定的绝对压力，kPa。

1）高黏滞性物质：$0.7y$

2）压缩气体：$1.2y$

3）液化可燃气体：$1.3y$

4）挤压或模压：不考虑

（5）低温。

1）$0 \sim -30℃$ 之间的工艺：0.30

2）低于 $-30℃$ 的工艺：0.50

（6）危险物质的数量。假设发生事故时容器或一组相互连接的容器中的物质可能全部泄出。

1）一般加工处理工艺，按下式计算物质数量分数 y：

$$lgy = 0.305lgCQ - 2.965$$

式中　C——物质的燃烧热，kJ/kg；

　　　Q——可燃物质的数量，kg。

2）在存储加压液化气体的场合：

$$y = \sqrt{55 - 109 \times \left(\frac{CQ \times 10^9}{270}\right)^{n^{\frac{1}{2}}} - 6.4}$$

3）在存储可燃液体的场合：

$$y = \sqrt{185 - 109 \times \left(\frac{CQ \times 10^{-9}}{7 \times 10^5}\right)^{n^{\frac{1}{2}}} - 11.45}$$

（7）腐蚀。

1）局部剥蚀，腐蚀率为 0.5mm/a：0.10

2）腐蚀率大于 0.5mm/a、小于 1mm/a：0.20

3）腐蚀率大于 1mm/a：0.50

（8）接头和密封处泄漏。

1）泵和密封盖自然泄漏：0.10

2）泵和法兰定量泄漏：0.20

3）液体透过密封泄漏：0.40

4）观察玻璃、组合软管和伸缩接头：1.50

E　计算火灾、爆炸指数和毒性指标

（1）火灾、爆炸指数 F：

$$F = MF \cdot (1 + GPH) \cdot (1 + SPH)$$

式中　MF——物质系数；

　　　GPH——一般工艺危险性系数；

　　　SPH——特殊工艺危险性系数。

（2）毒性指标 T：

$$T = \frac{T_1 + T_2}{100}(1 + GPH + SPH)$$

式中　T_1——物质毒性系数；

　　　T_2——考虑有毒物质 MAC 值（最大允许浓度）的系数，按附表 3 选取。

附表 3　MAC 值和 T_2

MAC 值/%	T_2	MAC 值/%	T_2
$\leq 5 \times 10^{-4}$	125	750×10^{-4}	50
$5 \times 10^{-4} \sim 50 \times 10^{-4}$	75		

F　评价危险等级

该评价方法把单元危险性划分为 3 级，评价时取火灾、爆炸指数和毒性指标相应的危险等级中最高的作为单元危险等级。附表 4 为单元危险等级划分情况。

附表 4　单元危险等级

等　级	火灾、爆炸指数 F	毒性指标 T
1	$F < 85$	$T < 6$
2	$65 \leq F < 95$	$6 \leq T < 10$
3	$F \geq 95$	$T \geq 10$

附录 3　一些物质的健康系数和物质系数

一些物质的健康系数和物质系数如附表 5 所示。

附表 5　一些物质的健康系数和物质系数

物　质	健康系数	物质系数	物　质	健康系数	物质系数
乙醛	2	24	正丁基醚	2	16
醋酸	2	14	叔丁基过氧化氢	1	40
乙酐	2	14	丁基硝酸酯	1	29
丙酮	1	16	叔丁基过氧化物	1	29
乙腈	2	16	丁烯	1	21
乙酰氯	3	24	环氧丁烷	3	24
过氧化乙酰	1	40	碳化钙	1	24
乙酰水杨酸丙烯	1	4	硬脂酸钙	0	24
乙炔	1	29	二硫化碳	2	16
丙烯醛	3	24	一氧化碳	2	21
丙烯酸	3	24	二氧化氯	3	29
丙烯酰胺	2	14	氯丁烷-1	2	16
丙烯腈	4	24	三氯甲烷	2	0
烯丙醇	3	16	氯甲基乙基醚	2	4
烯丙胺	3	16	对氯酚	3	10
烯丙基氯	3	16	三氯硝基甲烷	4	29
烯丙醚	3	24	1-氯丙烷	2	16
氨	3	4	氯苯乙烯	2	24
乙酸叔戊酯	1	16	香豆素	2	4
苯胺	3	10	甲苯酚	2	10
硬脂酸钡	0	4	异丙基苯	2	16
苯甲醛	2	10	氢过氧化枯烯	1	40
苯	2	16	三聚氰酸	2	14
苯甲酸	2	4	环丁烷	1	21
苯甲酰氯	3	14	环己烷	1	16
过氧化苯甲酰	1	40	环己醇	1	10
联二苯 A	2	4	环丙烷	1	21
溴苯	2	10	柴油	0	10
丁烷	1	21	二丁醚	2	16
1,3-丁二烯	2	24	二氯苯	2	10
丁烯醛	2	16	对二氯苯	2	10
1-丁烯	1	21	1,2-二氯乙烯	2	24
乙酸正丁酯	1	14	1,2-二氯丙烯	2	16
丁醇	1	16	粗 2,3-二氯丙烯	2	16
正丁胺	2	16	3,5-二氯水杨环酸	0	4
丁基溴	2	16	过氧化二枯基	0	29
二聚环戊二烯	1	16	氮丙啶	3	24
二乙基胺	2	16	硝酸乙酯	2	40
二乙基苯	2	10	己胺	3	21

物　　质	健康系数	物质系数	物　　质	健康系数	物质系数
碳酸二乙酯	2	16	甲醛	2	21
过氧化二乙基	0	40	甘油	1	4
二乙醇胺	1	4	庚烷	1	16
二甘醇	1	4	己烷	1	16
二乙胺三胺	3	4	正己醇	2	10
二乙基酯	2	21	联氨	3	24
二异丁烯	1	16	氯	0	21
二异丙苯	0	16	硫化氢	3	21
二甲基胺	3	21	异丁烷	1	21
2,2-二甲基丙醇	2	16	异丁醇	1	16
正二硝基苯	3	40	异戊烯	1	21
2,4-二硝基苯酚	3	40	异丙醇	1	16
m-二烷	2	16	乙酸异丙酯	1	16
二氧戊环	2	24	二氯丙烷	2	21
二苯醚	1	4	异丙醚	2	16
二丙基醇	0	4	航空汽油	1	16
二叔丁基过氧化物	1	40	月桂酰过氧化物	0	29
二丁烯基苯	1	24	马来酐	3	14
二丁烯基醚	2	24	乙烷	1	21
换热剂道氏热载体A	2	4	甲烷	1	21
氯化甲氧丙烷	3	24	甲醇	1	16
2-乙醇胺	2	10	乙酸甲酯	1	16
乙酸乙酯	1	16	丙炔	2	24
丙烯酸乙酯	2	24	甲胺	3	21
乙醇	0	16	氯代甲烷	2	21
乙苯	2	16	氯乙醇甲酯	2	14
乙基溴	2	16	甲基环己烷	2	16
乙基氯	2	21	二氯甲烷	2	0
乙烷	1	24	甲基醚	2	21
碳酸亚乙酯	2	14	丁酮	1	16
1,2-乙二胺	3	10	甲肼	3	16
1,2-二氯乙烷	2	16	甲基异丙基酮	2	16
1,2-亚乙基二醇	1	4	甲硫醇	2	21
环氧乙烷	2	29	甲基苯乙烯	2	10
矿物油	0	4	二氧化硫	2	0
氯苯	2	16	甲苯	2	16
单乙醇胺	2	16	1,2,3-三氯苯	2	4
石脑油	1	16	1,1,1-三氯乙烷	3	4
萘	2	10	三氯乙烯	2	4
硝基乙烷	1	10	三乙醇胺	2	14
硝化甘油	2	29	三甘醇	1	4
硝基甲烷	1	40	三乙基铝	3	29
硝基丙烷	1	29	三异丁基铝	3	29
2-硝基甲苯	2	40	三异丙醇胺	2	4

物　质	健康系数	物质系数	物　质	健康系数	物质系数
辛烷	0	16	三异丙基苯	2	16
戊烷	1	21	三甲基铝	3	29
过乙酸	3	40	三甲基胺	2	21
苯酚	3	10	三丙胺	2	10
苯基苯酚	3	4	乙烯基乙酸酯	2	24
过四氯化二钾	1	24	乙烯基乙炔		29
丙烷	1	21	乙烯基烯丙基醚	2	24
炔丙醇	3	29	乙烯基苄基氯	2	4
镁		24	乙烯基氯	2	21
丙烯	1	21	乙烯基环己烷	2	24
二氯丙烯	2	16	乙烯基乙基醚	2	24
丙二醇	0	4	乙烯基甲苯	2	14
氧化丙烯	2	24	亚乙烯基二氯	2	24
重铬酸钠	1	14	二甲苯	2	16
硬脂酸	1	4	硬脂酸锌	0	4
苯乙烯	2	24	炔丙基溴	4	40
硫	2	4	丙腈	4	16

参 考 文 献

[1] 隋鹏程，陈宝智．安全原理与事故预测[M]．北京：冶金工业出版社，1988.

[2] 陈宝智．危险源辨识控制及评价[M]．成都：四川科学技术出版社，1996.

[3] 陈宝智．安全原理[M]．第2版．北京：冶金工业出版社，2002.

[4] 陈宝智．矿山安全工程[M]．北京：冶金工业出版社，2009.

[5] 王金波等．系统安全工程[M]．沈阳：东北工学院出版社，1992.

[6] 谢鸣一等．安全系统工程[M]．北京：科学技术文献出版社，1988.

[7] 冯兆瑞等．安全系统工程[M]．北京：冶金工业出版社，1993.

[8] 王智新等译．重大事故控制实用手册[M]．北京：中国劳动出版社，1993.

[9] 李民权等译．工业污染事故评价技术手册[M]．北京：中国环境科学出版社，1992.

[10] 黄祥瑞．可靠性工程[M]．北京：清华大学出版社，1990.

[11] 吕应中等译．可靠性工程与风险分析[M]．北京：原子能出版社，1988.

[12] 辽宁省劳动局，石油化学工业局．化工企业安全评价[M]．沈阳：辽宁科学技术出版社，1995.

[13] 机械电子工业部质量安全司．机械工厂安全性评价[M]．北京：机械工业出版社，1990.

[14] Tim Bedford , Roger Cooke. Probabilistic Risk Analysis：Foundations and Methods[M]. Cambridge University Press, 2001.

[15] Kumamoto , Henley. Probabilistic Risk Assessment and Management for Engineers and Scientists[M]. IEEE Press, 1996.

[16] EFCE. Risk Analysis in the Process Industries[M]. The Institution of Chemical Engineers, 1985.

[17] Alain Villemeur. Reliability, Availability, Maintainability and Safety Assessment[M].John Wiley & Sons, 1992.

[18] CCPS. Guidelines for Hazard Evaluation Procedures[M]. Second Ed. New York：AICE, 1992.

[19] Richard E Bariow, Frank Proschan. Statistical Theory of Reliability and Life Testing[M]. Holt, Rinehart and Winston, Inc. , 1975.

[20] 国家安全生产监督管理局，国家煤矿安全监察局．煤矿安全规程[M]．北京：煤炭工业出版社，2006.

[21] Department of Defense. Standard Practice for System Safety MIL-STD-882D, 2000.

[22] 刘建候．功能安全技术基础[M]．北京：机械工业出版社，2008.

[23] Kumamoto H. Satisfying Safety Goals by Probabilistic Risk Assessment[M]. London：Springer-Verlag London Limited, 2007.

[24] Kletz T A. Plant Design for Safety[M]. New York：Hemisphere Publishing Corporation, 1991.

[25] CCPS. Layers of Protection Analysis：Simplified Process Risk Assessment[M]. New York：AICE, 2001.

冶金工业出版社部分图书推荐

书　名	作　者	定价(元)
微颗粒黏附与清除	吴　超	79.00
我国金属矿山安全与环境科技发展前瞻研究	古德生	45.00
复合矿与二次资源综合利用	孟繁明	36.00
现代金属矿床开采科学技术	古德生	260.00
采矿工程师手册(上、下册)	于润沧	395.00
中国典型爆破工程与技术	汪旭光	260.00
大倾角松软厚煤层综放开采矿压显现特征及控制技术	郭东明	25.00
安全管理基本理论与技术	常占利	46.00
危险评价方法及其应用	吴宗之	47.00
硫化矿自燃预测预报理论与技术	阳富强　吴　超	43.00
复杂构造煤层采掘突出敏感指标临界值研究	姚向荣	20.00
高瓦斯煤层群综采面瓦斯运移与控制	谢生荣	26.00
深井开采岩爆灾害微震监测预警及控制技术	王春来	29.00
煤矿安全生产400问	姜　威	43.00
固体废物处置与处理(本科教材)	王　黎	34.00
火灾爆炸理论与预防控制技术(本科教材)	王信群	26.00
防火与防爆工程(本科教材)	解立峰	45.00
安全系统工程(本科教材)	谢振华	26.00
安全评价(本科教材)	刘双跃	36.00
安全学原理(本科教材)	金龙哲	27.00
化工安全(本科教材)	邵　辉	35.00
重大危险源辨识与控制(本科教材)	刘诗飞	32.00
噪声与振动控制(本科教材)	张恩惠	30.00
冶金企业环境保护(本科教材)	马红周	23.00
矿山充填力学基础(第2版)(本科教材)	蔡嗣经	30.00
磁电选矿(第2版)(本科教材)	袁致涛　王常任	39.00
矿产资源开发利用与规划(本科教材)	邢立亭	40.00
地质学(第4版)(本科国规教材)	徐九华	40.00
煤矿钻探工艺与安全(高职高专教材)	姚向荣	43.00
矿冶化学分析(高职高专教材)	李金玲	26.00
矿山安全与防灾(高职高专教材)	王洪胜	27.00
矿井通风与防尘(高职高专教材)	陈国山	25.00
冶金煤气安全实用知识(职业技能培训教材)	袁乃收	29.00
环境工程学(本科教材)	罗　琳	39.00